牧野富太郎選集◉1

植物と心中する男

牧野富太郎

東京美術

牧野富太郎選集1　植物と心中する男　目次

私の信条

自然とともに …… 169

思い出すままに

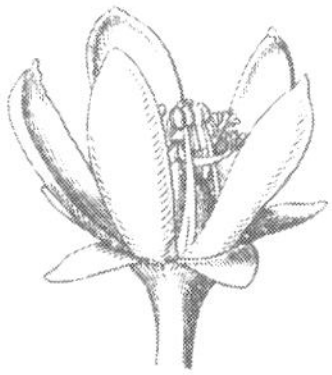

幼少のころ

私は戊の年生まれで、今年九十五歳になるがいまだに壮健で、老人めくことが非常に嫌いだ。したがって自分を翁だとか、叟だとか、または老だとか称したことは一度もない。回顧すると、私が土佐の国高岡郡の佐川町で生まれ、呱々の声をあげたのは文久二年の四月二十四日であって、ここにはじめて娑婆の空気を吸いはじめたのである。

私の町には士族がだいぶいたが、それはみな佐川の統治者深尾家の臣下であった。私の家は町人で、商売は雑貨と酒造業であったが、後には、酒造業のみを営んでいた。

私が生まれて四歳の時に父が亡くなり、六歳の時に母が亡くなった。私は幼なかったから、父母の顔を覚えていない。そして、私には兄弟もなく姉妹もなく、ただ私一人のみ生まれた。つまり、孤児であったわけである。

生まれたときは、大変に体が弱かったらしい。そして乳母が雇われていた。けれども、酒屋の後継ぎ息子であったため、私の祖母がたいへんに大事に私を育てた。祖父は両親より少しく後で私の七歳の時に亡くなった。

私の店の屋号は、岸屋といい、町内では旧家の一つだった。そして脇差をさすことを許されていた。私の幼い時の名は誠太郎であったが、後に富太郎となった。これが今日の名である。

私の七歳くらいの時であったと思うが、私の町から四里ほど北の方の野老山《ところやま》という村で一揆が起こった。それは異人（西洋人）が人間の油を取ると迷信して、土民が騒いだので、これを鎮撫するために県府から役人が出張し、ついにその主魁者三人ほどを逮捕し、隣村の越知《おち》の今成河原で斬首に処したのであった。

この日は、なんでもひじょうに寒くて雪が降っていたが、私は見物に行く人の後について、二里余りもある同処へ見にいったことを覚えている。

それから、少し後の年であったが、私の町から四里余りも東の方にある高岡町に親類があって、そこへ連れられていったことがある。この高岡の町から東南の方二里くらいも隔たり、新居《にい》の浜がある。私はそこへ連れて行ってもらって生まれてはじめて海を見た。その浜へ、打ち寄せる浪はかなり高く、繰返し繰返しその浪頭が、巻いて崩れ倒れるさまを見て、私は浪が生きているもののように感じた。

幼少の頃の私は、痩せっぽちで、肋骨がでていて、いたって弱々しく、友人たちは私のことを「ハタットオ」といってからかった。ハタットオとは土佐の言葉でバッタのことである。私はバッタのように痩せていたのだ。また、私はどこか日本人ばなれがしているというので「西洋ハタットオ」ともいわれた。

私の祖母は、病弱の私の体をたいそう心配して、クサギの虫や、赤蛙《あとひき》をせんじて疳のくすりだといって私に飲ませた。

ずっと後、私が二十六歳になったとき、明治二十年にこの祖母は亡くなった。私はまったくの独りになってしまった。家業はいっさい番頭まかせだった。また、従妹がひとりいたので、これも家事を手伝ってくれて酒屋の商売をつづけていた。私はあまり、店の方の面倒を見ることを好まなかった。

地獄虫

土佐の国は高岡郡、佐川の町に生まれた私は、子供のころよく町の上の金峰《きんぷ》神社の山へ遊びにいった。山は子供にとってなんとなく面白いところで、鎌を持っていって木を伐り、冬になるとコボテ（方言、小鳥を捕る仕掛け）を掛け、またキノコを採り、また陣処を作って戦ごとをしたりした。

この金峰神社はふつうには午王様《ごうさま》と呼ばれてわれらの氏神様であった。麓からだいぶ石段を登ってから、社地になるが、その社殿の前はかなり広い神庭、すなわち広場があった。

この社の周囲は森林で、主に常緑樹が多く、神殿に対する南の崖の一面を除いて他の三方は神庭より低く、斜面地になっていて、そこが樹林である。西の斜面の林中に一つの大きなシイの木があって、われらは、これを大ジイと呼んでいた。一抱え半ほどもある大きさの高い木であった。

秋がきて、熟したシイの実が落ちる頃になると、この神社の山はよくシイ拾いの子供に見舞われた。シイは、みな実のまるい種でくわしくいえばコジイ、一名ツブラジイであるが、土地では単にこれをシイと呼び、ただその中で実の比較的大形なものをヤカンジイといい、きわめて稀ではあるがごく小粒でやせて長い形をしたものを小米ジイととなえていた。

さて、この大ジイの木は、山の斜面に生えていて、その木の下あたりへももちろんシイ拾いに行ったわけだ。その木の下の方は大きな幹下になっていて、日光もあまり届かず、うす暗くじめじめしていて、落葉が堆積していた。

私は、一日シイ拾いにここに来て、そこの落葉をかき分けかき分けして、落ちているシイの実をさがしていたところ、その落葉をさっとかきよけて見た刹那、「アッ！」と驚いた。そこには何百となく、数知れぬ蛆虫《うじむし》がうごめいていた。うす黒い色をした長い六、七分くらいの蛆だった。それはちょうど厠の蛆虫の尾を取り除いたような奴で、幅およそ一寸半ぐらいの帯をなし、連々と密集してうごめいているではないか。

私は元来、毛虫（方言、イラ）だの、芋虫だののようなものが大嫌いなので、これを見るや否や、「こりゃ、たまらん！」と、大急ぎでその場を去ったが、今日でも、それを思い出すと、そのうようよと体を蠕動させていたことが目さきに浮かび、何となくゾーッとする。しかし、その後私は今日にいたるまでどこでも再びこんな虫に出会ったことがない。

この大ジイの木は、その後枯れてしまい、私が、二、三年前に久し振りに郷里に帰省したとき、そこに立寄ってみたらもはやその木はなんの跡型もなくなっていた。

この蛆虫を見たとき、私と同町の学友堀見克礼《かつひろ》君にこのことを話したら同君は、「それは地獄虫というものだ」というたが、その時分まだ子供だった同君がどうしてそんな名を知っていたのかわからない。あるいは、当意即妙的に同君の創意で言ったのかも知れない、しかし、そこのことは今もってわからない。同君は、既に他界しているので、今さらこれを確かめる由もない。がしかし、とに角、地獄虫の名は、この暗いじめじめした落葉の下に棲むうす黒い蛆虫に対しては名実相称《との》うた好称であるといえる。

私の考えでは、この蛆虫は孵化すれば一種のハエになる幼虫ではなかろうかと想像するが、心当りのある蛆虫学者に御教示を願いたいと思っている。従来、二、三の御方に聴いてはみたけれど、どうも満足な答えが得られなくなんとなく物足りなく感ずる。

しかし、現在わが昆虫界もなかなか多士済々であるから、「うん、そりゃなんでもない。そりゃこれこれだ」と、蒙を啓いてくれる御方がないとも限らない。しかし、もし不幸にしていよいよそれがないとなると、私は、日本の昆虫界に、まだこんな未知な世界が存在していることを知らせてあげたいという気になる。

ついでに、ここに面白いのは、この金峰神社の庭の西に向かったところが石垣になっていて、私の若かりし時分には、その石垣の間にタマシダが生えていたことを思い出す。それはもとより人の植えたものではない。元来、タマシダは瀕海地にある羊歯だが、それがまったく山いく重も隔て、海からは四里余りも奥のこの地点に生えていることはまことに珍しい。残念なことには、今日、それがとっくに絶滅してしまっていて、すでに昔話になってしまったことである。

今一つ、興味あることは、佐川の町を離れてずっと北の方に下山《しもやま》というところがあり、そこを流れているヤナゼ川にそった路側の岩上に、海辺植物のフジナデシコが野生していた。これは私の少年時代のことであったが、今はとっくにそこに絶えて、これもきのうはきょうの昔語りとなったのである。

狐のヘダマ

幼少の頃、私は郷里佐川の附近の山へ、よく山遊びにいった。ある時、うす暗いシイの林の中をかさかさと落葉を踏んで歩いていると、おかしなものが目についた。フットボールほどもある白い丸い玉が、落葉の間から頭を出していたのだ。私は「何だろう」と思って恐る恐るこれに近寄っていった。しかし、別に動きだしたりもせず、じっとしている。

「ははあ、これはキノコの化物だな」と私は直感した。そして、この白い大きな玉を手で撫でてみた。すると、これはその肌ざわりからいって、まさにキノコであることが判った。「ずいぶん変わったキノコもあるもんだな、こりゃ驚いた」と、私はすっかりびっくりしてしまった。

家に帰ってから、山で見たキノコの化物のことを祖母に話すと、祖母は、「そんな妙なキノコがあっつるか?」と不思議そうにいった。これを聞いていた下女が、

「それや、キツネノヘダマとちがいますかね」

といったので私は、びっくりして下女の顔を見た。すると下女は、「そりゃ、キツネノヘダマにかわりません。うちの方じゃ、テングノヘダマともいいますさに」といった。

この下女は、いろいろな草やキノコの名を知っていて、私はたびたびへこまされたものである。

ある時、町はずれの小川から採ってきた水草を庭の鉢に浮かしておいたが、私はそれがどんな名の水草か知らなかった。すると、この下女が「その草、ヒルムシロとかわりませんね」といったので私はびっくりした。その後、高知で買った「救荒本草」という本を見ていたら、「眼子菜《がんしさい》」という植物がのっており、これにヒルムシロという名がでていた。まさに、下女のいった

とおりだった。

さて、私が山で見たキツネノヘダマは、狐の屁玉の意で、妙な名である。天狗の屁玉ともいう。これは一つのキノコであって、屁玉といっても別に、屁のような悪臭はない。それのみか、食用になる。このキノコは、常に忽然として地面の上に白く丸く出現する怪物である。

五、六月の候、竹藪、樹林下あるいは墓地のようなところに生える。大きさは人の頭ほどになる。

はじめは、小さいが、次第に膨らんできて、意外に大きくなる。小さいうちは色が白く、肉質で、中が充実しており、脆くて豆腐のようだが、後には漸次、色が変わり、ついに褐色になって、軽虚となり、中から煙が吹き出て気中に散漫するようになるが、この煙は、すなわち胞子であるから、胞子雲と名づけても満更ではあるまい。

今から一ヶ年も前にでた深江輔仁の「本草和名」にこのキノコはオニフスベとでている。この名の意味は、「鬼を燻べる」意だとも取れるが、私はフスベは「こぶ」のことであろうと思っている。つまりオニフスベとは、「鬼のこぶ」の意であると推考される。こぶこぶしく、ずっしりと太った体の鬼のことだから、すばらしく大きなこぶが膨れでてもよいのだ。そして、鬼を燻べるということだと解する人があったら、その人の考えは浅薄な想像の説であると思う。

このオニフスベは、わかいとき食用になる。今から、二百四十年ほど前の正徳五年（一七一五年）に発行された「倭漢三才図会」には、

「薄皮ありて、灰白色、肉白く、頗るショウロに似たり、煮て食うに、味淡甘なり」と書かれている。この時代、すでにこんなキノコを食することを知っていたのは面白い事実である。なおこのキノコを日本特産のキノコを認めて、はじめてその学名を発表したのは川村清一博士であった。

寺子屋時代

明治四年、十歳の頃、私は寺子屋にいって習字を習ったが、この寺子屋は佐川町の西谷というところにあった。私はここで土居謙護《けんご》という先生についてイロハから習いはじめた。

その後まもなく、佐川町のはずれの目細《めぼそ》というところにあった寺子屋に移った。この寺子屋は伊藤蘭林《らんりん》（徳裕《のりひろ》）という先生が開いているものであった。

この寺子屋に来ているのは武士の子弟ばかりで、町人は山本富太郎という男と、かくいう牧野富太郎の二人だけだった。二人の富太郎が弟子入りしたわけである。

その頃は、まだ武士と町人との間には、はっきりした区別があって、武士の子は上座に坐り、町人の子は下座に坐らされた。食事の時も別々で、挨拶のしかたなども、武士は武士流に、町人は町人流にしたものである。

やがて、私は名教館に入校した。ここで学んだ教科書は、福沢諭吉の「世界国尽」、川本幸民の「気海観瀾広義」「輿地誌略」「窮理図解」「天変地異」などであった。

明治七年、明治の政府は小学校令を施行して日本全国に小学校を設置したが、佐川町にも小学校ができ、私はここに入学した。その頃の小学校は、上等、下等の二つに分れていて、上等に八級、下等に八級あって、全部で十六級あった。試験にパスすると上級に進級するわけであるが、よくできる子は臨時試験を受けて、どんどん上の級に進むことができた。私は学校の成績はよく、どんどん進級して、一番上の上等の上級まで上がったが、卒業間近の明治九年に退校してしまった。私が、学校と名のつくところで学んだのは、この二年あまりの小学校だけであった。それも、卒業はしなかった。

私の少年時代に、学問で身を立てることを決心した動機は、福沢諭吉先生の「学問のすすめ」という本を読んだことにあると思う。この本は、当時日本全国で読まれた名著だった。

明治十年、西南役の最中、私は佐川小学校の代用教員になって教鞭をとる身となった。月給は三円だった。

この頃、佐川町に、高知県庁から、長持に三箱ほどの外国の書物がとどき、それと一緒に二人の英学の先生がやって来た。一人は矢野矢という先生で、もう一人は長尾長という人だった。二人とも珍しい名の先生だった。

　私は、この二人の英学の先生について英学の勉強をはじめた。このとき、「カッケンボスの文典」「ピネオの文法書」「グードリッチの歴史書」「バァレーの万国史」「ミッチェルの世界地理」「ガヨーの地理」「カッケンボスの物理学」「カッケンボスの天文学」等の英書を勉強した。辞書は「エブスタアの辞書」や、薩摩辞書を使った。その頃、英和辞書のことを薩摩辞書といっていた。また、ローマ字の「ヘボンの辞書」もあった。

　やがて、私は、「学問をするには片田舎ではどうもいけん、もっと便利な都会に出にゃいけん」と考え、小学校の先生をやめて、高知へ出た。そして五松学舎という塾に入った。この塾は弘田正郎という先生が開いていた。この塾は高知市の大川筋にあった。私はこの塾で、植物、地理、天文の書物を読んだ。塾の講義は主に漢学だった。この頃、私はさかんに詩吟をした。詩には起、承、転、結という区切りがあって、転句のところで調子を転ずるのがなかなか難しい。

　まもなく高知にコレラが大流行したので、私は郷里の佐川に逃げ帰った。その頃、コレラのことをコロリといっていた。人びとは、石炭酸をインク壺に入れて持ち歩き、ときどき石炭酸を鼻の孔になすりつけて予防だといっていた。鼻の孔に石炭酸をなすりつけるとヒリヒリとしみて目から涙がでた。

　それからまもなく、私はその頃、高知の師範学校に転任してきた永沼小一郎という先生と知り合った。この人と親しくなったことは私が植物研究に一生を捧げる動機となった。

永沼小一郎のこと

今はすでに故人となったが、私の最も親しい師友であった人に、永沼小一郎という世にも珍しい博学な天才の士があった。この人は丹後、舞鶴の出身で、明治十二年に神戸の兵庫県立病院附属医学校から転じて、土佐高知市の学校へ来られ、同地の県立中学校、県立師範学校で長らく教鞭を執っておられた。氏は土佐を第二の故郷だと思われ、久しく高知に住まわれたが、その後明治三十年に教職を辞して上京され、小石川区巣鴨町に居を卜《ぼく》せられた。

氏はじつに、世にも得難き碩学の士で、博く百科の学に精通し、それがまた通り一遍の知識でなく、ことごとくみなうんのうをきわめておられた。文部省の教員免許状も、七、八科も持っていられた。このように氏の各方面に学問の深いことは高知においても、県立病院の薬局長を兼任していたことからもうなずかれる。その頃、学校の教師で、薬局長を兼ねるというようなことは他に類のないことだった。

氏は和漢洋の学に通じ、科学、文学、いくところとして可ならざるはなく、晩年には音階の声音の震動数が不規則だからこれを正しい震動数の音階に改正せねばならんと、大いにそれに熱中してめんみつにこれを計算しておられたが、これは公に発表せられずに、この世を辞された。

私は永沼小一郎氏が高知へ転任されて来られたとき、いろいろ教えられることが多かった。氏は英語が達者で、西洋の科学、特に植物学に精通し、高知の師範学校にあったバルホァーの「植物学」を翻訳したり、ベントレーの「植物学」を訳したりしていた。私は永沼氏と、早朝から深夜まで、学問の話に熱中することも稀ではなかった。私は、永沼氏と互いに学問をみがき合ったことが、その後私の植物研究の基礎となったと思う。

火の玉を見たこと

時は、明治十五、六年頃、私がまだ二十一、二歳頃のときであったろうと思っているが、その時分にときどき、高知（土佐）から七里ほどの夜道を踏んで西方の郷里、佐川町へ帰ったことがあった。とかく夜中に歩いて帰ることは当時すこぶる興味を覚えていたので、ときどきこれを実行した。すなわちある時はひとり、またある時は友人二、三人といっしょであった。

ある夏に、例のとおりひとりで高知から佐川に向かった。郷里からさほど遠くない加茂村のうちの字《あざ》、長竹という在所に国道があって、そこが南向けに通じていた。北国道の両側は低い山でその向うの山はそれより高かった。まっ暗な夜で、別に風もなく静かであった。

たぶん午前三時頃でもあったろうか。ふと、向うを見ると突然空高く西の方から一個の火の玉が東に向いて水平に飛んで来た。ハッと思って見るうちに、たぶんそこな山の木か、もしくは岩かに突き当たったのであろう。パッと花火の火のように火花が散り砕けてすぐ消えてしまって、後はまっ暗であった。そして、その火の玉の色は少し赤みがかっていたように感じ、あえて青白いような光ではなかった。

次は、これと前後した頃であったと思う。やはり、暗い闇の夜に高知から郷里に向かっての帰途、岩目地《いわめじ》というところの低い岡の南側を通るように道がついている。この岡のところに林があって、そこに小さい神社があり、土地の人はこれを御竜様《おたつさま》と呼んでいる。この神社の下がすなわち通路で、これは国道から南に少し離れた間道である。そしてこの道の南方一帯が水のある湿地で、小灌木や水草などが生え繁って田などはなく、またもとよりその近辺には一軒の人家も見えず、人家からはだいぶ隔たっている淋しい場所で、南東には岡があり、その麓に小さい川が流れて、右の湿地を抱いている。

ある年の夏、暗い夜の三時か、四時頃でもあったであろう。私は御竜様の下の道からふと向うを見ると、その東南一町ほどの湿地、灌木などの茂っている辺にごく低く、一個の静かな火が見えていた。それは光の弱い火できわめて静かにじーっと沈んだようになっていた。私はこれを一つの陰火であったと今も思っているが、そこはよくケチビ（土佐では陰火をこういう）が出るといわれている地域である。

次は明治八、九年頃のことではなかったかと思っているが、私の佐川町で見た火の玉である。それは、まだ宵のうちであったが、町で遊んでいると町の人家と人家との間からこの火の玉が見えた。これは、光のごく弱い大きなまるい玉で、淡い月を見るような火の玉であった。この火の玉は上からやや斜めにゆるやかに下りてきて地面に近くなったところで、ついに人家に遮られて見えなくなった。そこの町名は新町《しんちょう》で、その外側は東に向かい、それから稲田がつづいていた。

なお、四国には、陰火がよく現われるところとして知られている土地がある。それは、徳島県海部郡なる日和佐町の附近で、ここには一つの川があって、その川の辺には時々陰火が現われるという。陰火の研究にでかけてみると面白いところだと思われる。

佐川の化石

私の郷里、佐川は有名な化石の産地である。貝石山、吉田屋敷、鳥の巣等には化石の珍物が出るので名高い。

ナウマンという外国の鉱物学の先生や、わが国地質学の大御所だった小藤文二郎博士等も、よくこの化石採集のために佐川に来られた。

小藤博士が、佐川に見えたとき、私はまだ書生だったが、先生の着ておられた鼠色のモーニングコートがひどく気に入った。私も一度あのような素敵な洋服を着てみたいものと思った。

そこで、小藤博士のお伴をして化石採集にでかけたおりに、そのモーニングコートをしばらく拝借したいことを申し出た。

私は、さっそくその服をもって洋服屋を訪ね、それと同じものを註文したことがあった。

佐川の町の人たちは、科学に親しむ風があったが、これはこのような大先生方がこの地を訪れたことに刺激されたものと思う。

私もよく、化石を採集した。佐川には、外山矯という人が居って、この人は化石蒐集家として名高い人で、学者たちは佐川に来るとこの人に助力を仰いだものだ。

佐川にでる貝の化石に「ダオネラ・サカワナ」という珍品があるが、これは佐川から出た化石として記念すべきものである。

この頃、私は、佐川の町の人々が化石を通して科学に親しむ風のあるのを喜び、率先して佐川に理学会なる会を設けた。

この理学会では、さかんに討論会をしたり、講演会を開いたりした。会場は町の小学校を使い、町の若い人たちが数多く会員になっていた。

私は、東京で買い求めてきた科学書をみなに見せてやったりした。

この理学会を指導していた私は、「会報を発行して、みなの意見をのせよう」と思いたち「格致雑誌」という雑誌を発行した。「格致」というのは「物事の理をきわめて知識を深める」という意で、私の発案であった。

この雑誌の第一号は、私が自ら半紙に毛筆で書いた回覧雑誌だった。当時、佐川の町には印刷所などというものはなかったからである。

この格致雑誌の第一号には、化石のことがいろいろと出ている。

自由党脱退

私の青年時代は、土佐は自由党の天下であった。「自由は土佐の山間から出る」とまでいわれ、土佐の人々は大いに気勢を挙げたもんである。

自由党の本尊は、郷土の大先輩板垣退助で、土佐一国はまさに自由党の国であった。「板垣死すとも、自由は死せず」とこの大先輩は怒号した。

私の郷里佐川町も、全町挙げて自由党員であった。私も熱心な党員のひとりであって、政治に関する書物をずいぶん読んだ。ことに、スペンサアの本などは愛読したものだ。

「人間は自由で、平等の権利を持つべきである。日本政府も、自由を尊重する政府でなければいけん。圧制を行なう政府は、よろしく打倒すべし」

というわけで、大いに気勢をあげた。

その後、そこの村、ここの村で自由党の懇親会が開催され、志士たちは、競って壇上に駈け上って政府攻撃の演説を行なった。私も、この懇親会にはしばしば出席し、肩を怒らして時局を談じた。

しかし、私は「わしは何も政治で身を立てるわけではない。私の使命は、学問に専心して国に報ずることである」と考え、政治論争の時間を、植物研究に向けるべきであると悟った。

そこで、私は自由党を脱退することにした。自由党の同志たちも、私の決心を諒とし、この脱退を許してくれた。

自由党を脱退したことにつき、思い出すのは、この脱退が、芝居がかりで行なわれたことである。私は、党を脱退するにつき、一芝居打つことを計画し、紺屋に頼んで、大きな旗をつくらした。この旗には、魑魅魍魎《ちみもうりょう》が火に焼かれて逃げて行く絵が画かれてあった。

その時、ちょうど隣村の越知村で自由党大会が開かれることになっていた。会場は、仁淀川という川の河原であった。この河原は美しいところで、広々としていた。

私は、佐川町のわれわれの同志をあつめ、例の奇抜な旗を巻いて、大会場に乗り込んだ。われわれの仲間は十五、六人ほどいた。

会場に入ると、各村の弁士たちが、入れ替り、立ち替り、熱弁をふるっていた。

その最中、私たちは、例の大旗をさっと差し出し、脱退の意を表し、大声で歌を歌いながら、会場を脱出した。人々は、あっけにとられて私たちを見送っていた。

この旗は、今でも佐川町に保存されているはずである。

東京への初旅

明治十四年四月、私は郷里佐川をあとに、文明開化の中心地東京へ向かって旅にでた。

その頃、東京へ旅行することは、まるで外国へでもでかけるようなものであった。

私はさかんな送別を受けて、出発した。

同行者には以前家の番頭だった佐枝竹蔵の息子の佐枝熊吉と、もひとり実直な会計係をつれていった。

なにしろ、その頃は四国にはまだ鉄道というものなどはない時代なので、佐川の町から徒歩で高知にでて、高知から蒸汽船に乗って海路神戸へ向かった。私は生まれてはじめて蒸汽船というものに乗った。

私は瀬戸内海の海上から六甲山の禿山を見てびっくりした。はじめは雪が積もっているのかと思った。土佐の山に禿山などは一つもないからであった。

神戸から京都までは陸蒸汽とよばれていた汽車があったので、これを利用して京都へでた。京都から先は徒歩で、大津、水口、土山を経て鈴鹿峠を越え、四日市に向かった。道々、私は見慣れない植物に出遇って目をみはった。シラガシをはじめて見たとき、びっくりしてしまった。あまり珍しいので、その芽生えを茶筒に入れて故郷に送り、庭に植えさせることにした。鈴鹿を越えたところでアブラチャンの花の咲いているのを見て、珍しさのあまり、これをたいせつにかばんに入れて東京まで持っていった。

四日市からは、再び蒸汽船に乗って横浜に向かった。この汽船は、遠州灘を通って横浜へ行くもので、外輪船だった。外輪船というのは船の両側に大きな水車がついて廻るしくみになっている船である。汽船の名は和歌浦丸といった。三等船室にごろごろして、何日かを過ごしたのち横浜についた。横浜から新橋までは、陸蒸汽が通っていたので、これに乗った。

私は、新橋の駅に下りたったとき、東京の町の豪勢なのにすっかりたまげてしまった。何よりも驚いたことは人の多いことであった。

私たちは、神田猿楽町に宿をとり、毎日東京見物をした。その時、ちょうど東京では勧業博覧会が開かれていたのでこれを見物した。

今の帝国ホテルのあるあたりは当時山下町といっていたが、ここに博物局という役所があり、田中芳男という人がそこの局長をしていた。この人は後に男爵になり、貴族院議員になった人である。私は、この田中芳男氏に面会を求めた。田中氏はこころよく会ってくれ、その部下の小野《おの》職愨《もとよし》、小森頼信《こもりよしのぶ》という二人の植物係に命じて私の案内をさせてくれた。この小野氏は小野蘭山の子孫に当たる人だった。私は、植物園なども見学させてもらった。

私は、東京へ来たついでに、ひとつ有名な日光まで足をのばしてみようと思い、五月の末、千住大橋からてくてく歩きながら日光街道を日光に向かった。途中、宇都宮に一泊した。有名な日光の杉並木は人力車で通った。

中禅寺の湖畔で、私は石ころの間からニラのようなものが生えているのを見つけた。この植物は、ヒメニラだったと思うが、その後日光でヒメニラを採集したという話をきかないので、今だに疑問に思っている。

日光から帰京すると、すぐ荷物をまとめて帰郷することにした。帰路は、東海道をたどって陸路、京都へでる計画だった。この時は、新橋から横浜まで陸蒸汽で行き、あとは徒歩でいった。ときおり、人力車や馬車を利用した。

一週間ほどかかって関ケ原につくと、私は伊吹山に登ってみたくなり、他の者と京都の三条の宿で待ち合わす約束をして、ひとりで伊吹山に向かった。伊吹山の麓で、薬業を営む人の家に泊り、山を案内してもらった。伊吹山には、いろいろ珍しい植物が生えていたのでさかんに採集した。しかし、その頃は胴籃という採集具がなかったので、採集した植物は紙の間にはさんで整理した。伊吹山では、イブキスミレという珍しい植物を発見した。

この時、あまり沢山採集したので、荷物が山のようになり持運びに困ってしまった。泊った家の庭先に積んであったアベマキの薪まで、珍しいので荷物の中にしまいこんだ。

伊吹山からは、長浜へでて、琵琶湖を汽船で渡り、大津へでて、京都へ入った。そして三条の宿で連れと一緒になって、無事に佐川に帰ってきた。

狸の巣

明治十七年、再度上京して東京に居を定めた私は、飯田町の山田顕義という政府の高官の屋敷近くに下宿を見つけた。当時、下宿代は月四円であった。

下宿の私の部屋は、採集した植物や、新聞紙や、泥などが一面に散らかっていたので、「牧野の部屋はまるで狸の巣のようだ」とよくいわれたものである。

私は幸運にも、東京大学の植物学教室に出入りを許され、研究上の便宜を与えられていた。この狸の巣には、植物学の松村任三先生や、動物学の石川千代松先生などもよく訪ねてきた。

とりわけ、しばしばやってきたのは、その頃、まだ植物学科の学生だった池野成一郎であった。池野は、私の下宿にくると、さっそく上衣を脱ぎ、両足を高く床柱にもたせて、頭を下にしながら、無遠慮にふるまった。それほど、ふたりは親しかったのである。

その頃、本郷の春木町に、梅月という菓子屋があって、「ドウラン」と呼ぶ栗饅頭みたいな菓子を売っていた。形が煙草入れの胴乱みたいな菓子で、この名があった。この菓子はたいそううまかったので、池野とふたりでよく食ったものである。

池野成一郎はすこぶる頭のよい男で、外国語の天才だった。特にフランス語はうまかった。英語などは、ちょっとの間に便所で用を足しながら憶えてしまった。

その頃、私は、東京の生活が飽きると、郷里に帰り、郷里の生活が退屈になると、また東京の狸の巣に戻るというぐあいに、だいたい一年ごとに郷里と東京との間を往復してくらしていた。

私の下宿によく遊びにきた友人に、市川延次郎（後に田中と改姓）と染谷徳五郎というふたりの男がいた。共に東京大学の植物学教室の選科の学生だった。

市川延次郎は、器用な男で、なかなか通人でもあった。染谷徳五郎は筆をもつのが好きな男だった。私は、この人とはきわめて懇意にしていた。

市川延次郎の家は、千住大橋にあり、酒店だったが、私はよく市川の家に遊びに出かけて、一緒に好物のスキヤキをつついたものだ。

ある時、市川、染谷、私の三人で相談の結果、植物の雑誌を刊行しようということになった。三人で、原稿を書き、体裁もできたので、いよいよこれを出版することになった。そこで一応、植物学教室の矢田部教授に諒解を求めておかねばならんと思い、矢田部教授にこの旨を伝えた。

矢田部教授は、大賛成で、この雑誌を、東京植物学会の機関誌にしたいという意見だった。

このようにして、明治二十一年、私たち三人の作った雑誌が土台となり、矢田部教授の手がこれに加わり、「植物学雑誌」創刊号が発刊されることになった。

当時、この種の学術雑誌としては、わずかに「東洋学芸雑誌」があるのみであった。白井光太郎などは、この雑誌が続けばよいと危惧の念を抱いていたようだ。

「植物学雑誌」が発刊されると、間もなく、「動物学雑誌」「人類学雑誌」などが相ついで発刊されることになった。

私は思うに、「植物学雑誌」は武士であり、「動物学雑誌」の方は町人であったと思う。というわけは「植物学雑誌」の方は文章も雅文体で、精錬されていたが、「動物学雑誌」の方は文章も幼稚で、はるかに下手であったからである。

そして、「植物学雑誌」の編集方法として、一年交代に編集幹事をおくことにした。

堀正太郎君が編集幹事をしたときなどは、横書きを主張し、同君の編集した一カ年だけは雑誌が横書きになっている。

雑誌は各ページ、子持線で囲まれ、きちんとしていて気持がよかった。そのうえ、いつの間にか、この囲み線は廃止されたが、私は今でも雑誌は囲み線で囲まれている方がよいと思っている。

私は、狸の巣で、さかんにこの植物学雑誌に載せる論文を書いた。

また、私は、植物の知識がふえるにつけ、自分の手で「日本植物誌」を編纂してみようと思い立った。

植物の図や、文章を書くことは、別に文障はなかったが、これを版にするについて困難があった。私ははじめ、これを郷里の土佐で出版する考えであった。そのためには、自身印刷の技術を心得ていなければいけんと思い、一年間、神田錦町の小さな石版屋に通って、石版印刷の技術を習得した。そして、石版印刷の機械も一台購入して、これを郷里に送っておいた。

しかし、その後、出版はやはり東京でやる方がなにかと便利だと気付き、郷里でやる計画は中止した。

この志は、明治二十一年十一月に結実し、私は「日本植物志図篇第一巻第一集」を自力で出版した。私の考えでは、図の方が文章より早わかりがすると思ったので、まず図篇の方を先に出版したわけであった。

この出版は、私にとってはまったく苦心の結晶であった。私は、これは世に誇り得るものと自負している。

三好学博士のこと

日本の植物学に、生理学、生態学を導入した功労者三好学博士は、サクラの博士としても名高いが、私は三好学とは、青年時代からの親友だった。

私が、東京大学の植物学教室に出入りをはじめたころ、三好学、岡村金太郎などはまだ学生だった。三好と私は仲がよかった。

三好はどちらかというと、もちもちした人づきの悪い男だったが、いたって気のいい男だった。岡村金太郎の方は、三好とは正反対の性格できわめてさらさらした男で、江戸っ子肌の男だった。

この三好と岡村はよく喧嘩をした。ある時、岡村が書庫の鍵を失くして困っていたことがあった。ところが三好がこれを矢田部教授にいいつけたとかで、二人はえらい大喧嘩をしたことがあった。私は、いつも喧嘩の仲裁役だった。

私は、三好といっしょによく東京近郊へ植物採集にでかけた。あるとき、三好の同郷の森吉太郎という男が上京してきたおり、三人で平林寺に植物採集にでかけたことがあった。

その頃は、交通はまったく不便で、西片町の三好の家から出発して、白子、野火止、膝折をへて、平林寺にでるというコースで、往復十里余も歩いた。

このとき、平林寺の附近で、「カガリビソウ」をはじめて採集したことを憶えている、私はこの草をこのときはじめて見た。四国にはない草だからである。このとき、三好は、この草を見るとすぐ「それは、カガリビソウだろ」といったのには驚いた。

池野成一郎博士のこと

昭和十三年、東京日日新聞社で「友を語る」という題で、四方諸士からの投稿を求めたことがあった。私もこの依頼に応じて一拙文を提出し、それが同新聞紙上に載ったのは四月二十三日だった。そのとき、こんなことを書いた。

今から、五十三年前明治十八年に、はじめて植物学の卒業生を出した東大の植物学教室は、今日にいたるまでおよそ三百人に近い植物学専門の理学士を製造した。その中に、明治二十三年に卒業した、理学博士の池野成一郎があった。

私は、明治二十六年に招かれて民間から入って同大学の助手となったが、それより前、明治十七年以来、同教室の人々とはみな友達であった。その中でも、池野君とは、お互いに隔てがなく、最も親しく交際した。これはたぶん両人がなんとなく自然に気が合っていたからであろう。いわゆる意気投合ということか。ときどき、相携えて東京の郊外へ植物の採集にでかけ、明治二十一年日本に産することがはじめて分かったアズマツメクサも池野君と私とが大箕谷八幡下の田圃で一緒に見付けたものだ。

君が卒業した年の秋、ふたりで東京を立って採集のため東北地方へ向かったが、おりからの出水で汽車が不通となり、やむを得ず小山駅から水戸に出で磐城を北へ北へと歩いて仙台に着き、ついに陸中の栗駒山に登ったこともあった。日が暮れて、水戸からおよそ七里ほど北の下孫というところのいぶせき宿屋に宿り、平潟で旅宿の女中が茶代をちょろまかしたこと、磐城の湯本の宿屋で、これはここで一番上等だといって黒砂糖で製した駄菓子を出してくれたことなどがあって、今でも話のたねとなっている。

同君は非常によく学問のできる秀でた頭脳の持主で、かのソテツの精虫の発見は有名な業績であり、平瀬作五郎君のイチョウの精虫発見もじつは池野君に負うところが少なくなかった。同君は優秀なる学識の上に、なお仏、独、英等の語に精通し、今ではもっぱら学術研究会議発行の国際的な「日本植物学輯報」の編輯に従事せられ、また帝国学士院の会員でもある。

池野君は初めから私に対し人一倍親切であった。それゆえ私も同君に対しては最も親しみを感じていた。私がまだ大学の職員とならぬ前、民間にあって「日本植物誌」の書物を著わし、これを発行している際、それは明治二十四年の頃であったが、当時の大学教授矢田部良吉博士の圧迫を受け、私はこれに対抗して奮戦し、右の著書を続刊したことがあって、当時その書につき私は同君の大なる助力を受けた。かく私に対して同情せられた君の友誼は、いつまでも忘れ得ないものである。

同君は卒業後、めったに大学の植物教室へは見えなかったが、たまには来られた。同君は「僕は牧野君がいるから、それで行くので」といっておられたことを、私は他から聞いて、この上もなくうれしく感じ、ひとり同君を頼もしく思った。

同君はすこぶる菓子好きで、十や二十をぱくつくことなどはなんのぞうさもなかった。また食べる速力がとても早くて、一緒に相対して牛鍋をつつき合うとき、こちらが油断していると、みな同君にしてやられてしまう危険率が多かった。

同君は、不幸にして昭和十八年十月四日ついに歿した。年は七十八歳だった。私は同君が亡くなる数日前、野原茂六博士と計り同君の大好物だった虎屋の餅菓子一折を携えて同君を見舞ったおり、さっそく一個つまんで口にし、余りは後刻の楽しみにしようといって、これを看護婦に預けられたので、われわれ両人はともどもまことに嬉しかったのが、今もって想い出される。

破門草事件

明治十九年頃までは、日本の植物学者は新種の植物を発見しても、自らこれに学名をつけることをせず、ロシアの植物学者マキシモウィッチ教授へ、標品を送って、学名をきめてもらっていた。

その頃、有名な「破門草事件」という事件があった。ことの真相を知っているのは、今日では私ひとりであろう。

ある時、矢田部良吉教授が戸隠山で採集した「トガクシショウマ」の標品を、マキシモウィッチ教授に送って、学名を付してもらうことにした。マキシモウィッチ教授は、この植物を研究したところ、新種であったので、この植物に「ヤタベア・ジャポニカ」という学名を付した。ヤタベアというのは発見者矢田部教授の名にちなんでの命名であった。そして、もすこし材料が欲しいから標品を送るようにという手紙が、東京大学の植物学教室にとどいた。

マキシモウィッチ教授から、このような手紙が矢田部教授に来たことを、教室の大久保三郎が、伊藤篤太郎にもらした。伊藤篤太郎はその頃よく教室に出入りしていた人である。

大久保三郎は、伊藤の性質をよく知っているので、「この手紙を見せてやるが、お前が先に学名を付けたりしない」という約束をさせた。

ところが、その後三ヵ月ほど経って、イギリスの植物学雑誌「ジョーナル・オブ・ボタニイ」誌上に、トガクシショウマに関し、伊藤篤太郎が、報告文を載せ、トガクシショウマに対し「ランザニア・ジャポニカ」なる学名を付して公表してしまった。

これを見て激怒したのは矢田部教授であり、違約を知って驚いたのは大久保三郎であった。あげくの果て、伊藤篤太郎は教室出入を禁ぜられてしまった。

このことから「トガクシショウマ」の事をいつしか「破門草」というようになったのである。私は伊藤篤太郎は、たしかに徳義上はなはだよろしくないと思うが、しかし同情すべき点もあったと思う。

このトガクシショウマは、矢田部教授が戸隠山で採集する以前に、すでに伊藤篤太郎がこの植物のことを知っていたのである。そしてこのトガクシショウマに対して「ポドフィルム・ジャポニクム」なる名を付して、ロシアの雑誌に載せていたのである。伊藤にしてみれば、自分が発見し、研究した植物が矢田部教授に横取りされて、「ヤタベア」などという学名をつけられたのでは、心中すこぶる穏やかでなかったのであろう。

矢田部教授の死

明治初年、東京大学創設に当たって、植物学主任教授として、日本の植物界に君臨していたのは矢田部良吉教授であった。

その頃、東京大学の植物学教室は、「青長屋」と呼ばれていた。植物学教室には、矢田部良吉教授、松村任三助教授、大久保三郎助手の三人の植物学者がいた。

私が土佐の山奥から、上京して、この植物学教室に出入りするようになったのは明治十七年のことであったが、その頃、この教室の学生には、三好学、岡村金太郎、池野成一郎などがいた。

矢田部教授は、「四国の山奥から、えらく植物に熱心な男がでてきた」というわけで、非常に私を歓迎してくれ、自宅で御馳走になったこともあった。

ところが、明治二十三年頃、矢田部教授は突然、私に宣告して言うには、

「お前はちかごろ、日本植物志を刊行しているが、わしも同じような本を出版しようと思うから、今後お前には教室の書物も、標本も見せるわけにはいかない」

というのである。私は呆然としてしまった。私は、麴町富士見町の矢田部教授宅を訪ね、

「今、日本には植物を研究する人はきわめて少数である。その中のひとりでも圧迫して、研究を封ずるようなことをしては、日本の植物学にとって損失であるから、私に教室の本や標品を見せんということは、撤回してくれ、また、先輩は後進を引立てるのが義務ではないか」

と、言葉を尽して懇願したが、矢田部教授は頑として聴かず、

「西洋でも、一つの仕事のでき上がるまでは、他には見せんのがしきたりだから、自分が仕事をやる間は、お前は教室に来てはならん」

と、けんもほろろに拒絶された。私は、大学の職員でもなく、また学生でもなく、ただ矢田部教授の好意によって、教室出入りを許されていただけなので、この拒絶にあえば、自説を固持するわけにはいかなくなったので、悄然として「狸の巣」といわれた私の下宿にもどり、くやし泣きに泣いた。

矢田部良吉教授は、嘉永四年（一八五五）に伊豆韮山に江川太郎左衛門に仕えた蘭学者を父として生まれ、明治三年に開成学校の職を辞して外務省に入り、森有礼に従って外山正一とともに渡米した。そして、明治六年九月、留学生としてアメリカ合衆国コーネル大学に入学した。

矢田部はそこでハックスレーの植物学を修め、明治九年帰朝した。彼は、帰朝するや、かつて勤務していた開成学校に一時復職したが、東京大学創設に当たって、理学部教授となり、進化論を日本に移植した人である。

私は、植物教室出入りを禁ぜられて、むなしく郷里に引きこもっていた明治二十五年、突然矢田部教授は、罷職《ひしょく》に付された。

時の東京大学総長菊地大麓は、突如矢田部教授罷免の処置にでたが、これは矢田部良吉との権力争いであったと伝えられる。

大学教授を罷免された矢田部博士は、木から落ちた猿も同然で、まったく気の毒であった。

矢田部失脚の遠因は、いろいろ伝えられている。矢田部博士は外遊によって、なかなかの西洋かぶれとなり、鹿鳴館に通ってダンスに熱中したりしていたが、そのころ兼職で校長をしていた一つ橋の高等女学校（お茶の水大学の前身）の教え子の美人女学生を妻君に迎えたり、「国の基」という雑誌に「良人を択ぶには、よろしく理学士か、教育者でなければいかん」という無茶な論説をかかげて物議を醸《かも》したりしていた。

当時の「毎日新聞」には矢田部良吉をモデルにした小説が連載され、挿絵まで入っていた。

大学を追われた矢田部博士は、高等師範学校（今の教育大学の前身）の校長になった。彼はさかんにローマ字運動を行なっていた。

ところが、明治三十二年の夏、鎌倉の海で水泳中、溺死し、非業の最期を遂げた。

ことのいきさつは、ともかくとして、私は矢田部博士の死を惜しむ気持ちで一ぱいだった。学問上の競争相手としての矢田部博士を失ったことは、なんとしても遺憾であった。

なお、谷田部博士の令息は、音楽界に名を知られた矢田部圭吉氏である。

矢田部博士、罷免のことがあった直後、私は、大学に迎えられて、月俸十五円の東京帝国大学助手に任ぜられることになった。

西洋音楽事始め

東京大学植物学教室の出入りを禁ぜられて、悄然と郷里に帰った私は、郷土の植物採集に熱中していたが、ある日、知り合いの新聞記者に誘われて、高知女子師範学校にでかけていった。

この頃、西洋音楽というものはすこぶる珍しいものであったが、高知女子師範学校にはじめて西洋音楽の教師として、門奈九里という女教師が赴任してきた。そこで、この先生の唱歌の授業を参観にでかけたわけであった。

私は、この音楽の練習を聴いていると、拍子のとり方からして、間違っていることを感じた。

「これはいけん。こういう間違った音楽を、土佐の人に教えられては、土佐に間違った音楽が普及してしまう」と思って、さっそく、村岡という師範学校長へこの旨を進言した。ところが、村岡校長は、一介の書生である私の言のごときにはまったく耳を傾けなかったので私は、「よしそれなら、正しい西洋音楽を身をもって示してやろう」と考え、高知音楽会なるものを創立した。

この高知音楽会には、男女二、三十人の音楽愛好家が集まった。幸い、高知の本町に、満森徳治という弁護士の家があり、ここには当時めったになかったピアノが一台あったので、ここを練習場にした。

会員のなかには、オルガンを持ちこんだりする者もあった。そしてまた手わけしていろいろの楽譜を集めた。

私はこの高知音楽会の指導者であった。まず唱歌の練習からはじめた。唱歌といっても、軍歌だろうが、小学唱歌だろうが、中学唱歌集だろうが、何でもかまわず、大いに歌いまくって、気勢をあげた。

ある時は、お寺を借りて、音楽大会を催した。会場には、ピアノを据えつけ、会員が壇上に並び、私がタクトを振って指揮した。

開闢《かいびゃく》以来、土佐で音楽会が開かれたのはこれが初めてであったので、大勢の人々が、好奇心にかられて参会し、この音楽会はすこぶる盛大であった。

この間、私は、高知の延命館という一流の宿屋に陣取っていた。そのためだいぶ散財してしまった。

こうして、明治二十五年は高知で西洋音楽普及のために狂奔して、夢のように過ごしてしまった。

その後、上京したおり、東京上野の音楽学校の校長をしていた村岡範一氏や、同校の有力教授に運動して、優秀な音楽教師を土佐に送るように懇請した結果、新しい教師が派遣されることになり、気の毒ではあったが門奈九里女史は、高知を去ることになった。

というわけで、私は郷里土佐にはじめて西洋音楽を普及させた功労者であると自負している。

ロシア亡命計画

矢田部教授から、植物学教室出入りを禁ぜられて、途方に暮れていた私は、思いきってロシアに行こうと決心した。ロシアには、マキシモウィッチという植物学者がいて、明治初年に函館に長く居ったのであるが、この人が日本の植物を研究して、その著述も大部分進んでいるということであった。私は、これまでこの人に植物標品を送って、種々名称など教えてもらっていたが、私の送る標品にはたいへん珍しいものがあるというので、大いに歓迎してくれ、先方からは同氏の著書などを送ってよこしたりした。このときはいつも教室に一部、私に一部というように特に私に厚意を示してくれた。

この時分には、私もかなり標品を集めていたから、これを全部持って、このマキシモウィッチのもとへ行き、大いに同氏を助けてやろうと考えたのである。

しかし、このロシア行きの橋渡しをしてくれる人がないので、私は駿河台のニコライ会堂へ行って、そこの教主に事情を話して頼んだところ、「よろしい」と快諾してくれ、さっそく手紙をやってくれた。

しばらくすると、返事が来たが、それによると、私から依頼が行ったとき、マキシモウィッチは流行性感冒に侵されて病床にあった。そして私がロシアに来ることをたいへん喜んでいてくれたが、不幸にして間もなく長逝してしまったということで、私はこのことを奥さんか、娘さんかからの返書で知ったわけである。

そこで私の、ロシア行きの計画も立ち消えになってしまった。

私は、この悲報を受け取って、何とも言いあらわしようのない深い悲しみと絶望に陥った。私はこのとき、次のような所感を漢詩に託して作った。

所感

専攻シ二斯学一願フレ樹レ功
微軀聊斯報国忠
人間万事不レ如レ意

一身長在《ク》㆓轗軻中㆒
泰西頼見義俠人
憐《ミ》㆓我哀情㆒傾《ムキ》意待
故国《ハ》難㆑去《リ》幾踟躕
決然欲《ス》㆔遠航《セント》㆓西海《ニ》㆒
夜風雨急雨霏霏
義人溘焉逝《イテ》干㆑還
生前不㆑逢音容絶
胸中欝勃向《ツテ》㆑誰《ニ》説《カン》
天地茫々知己無
今対㆓遺影㆒感転切

このとき、私をはげましてくれたのが池野成一郎だった。彼は私のロシア行に反対していたが、落胆している私の肩を叩いて、勇気づけてくれた。

このとき、もし、マキシモウィッチが病没せず、私が渡露していたら、私の一生はまったく別のものとなっていたであろう。

初恋

東京は飯田町の小川小路の道すじに、小沢という小さな菓子屋があった。明治二十一年頃のことで、その頃私は、麹町三番町の若藤宗則という、同郷人の家の二階を借りて住んでいた。私は、この下宿から人力車に乗って九段の坂を下り、今川小路を通って本郷の植物学教室へ通っていた。そのとき、いつもこの菓子屋の前を通った。

この小さな菓子屋の店先に、ときどき美しい娘が坐っていた。

私は、酒も、煙草も飲まないが、菓子は大好物であった。そこで、自然と菓子屋が目についた。そして、この美しい娘を見そめてしまった。

私は、人力車をとめて、菓子を買いにこの店に立寄った。そうこうするうちに、この娘が日増しに好きになった。その頃の娘は今とちがって、知らない男などとは、容易に口もきかないものだった。私は悶々として、恋心を燃やした。

私が、娘に話しかけようとすると、まっ赤な顔をしてうつむいてしまうのだった。

こうして、毎日のように菓子屋通いがはじまった。

その頃、私は神田錦町の石版屋に通って、石版印刷の技術を習っていたが、この石版屋の主人の太田という男に頼みこんで、娘を口説いてもらうことにした。

石版屋の主人はさっそく、私のこの願いをききいれ、小沢菓子店におもむいて、娘の母親に会ってくれた。

私は、くびを長くしてその報告を待っていた。

石版屋のはなしによると、娘の名は寿衛子《すえこ》といい、父は彦根藩主井伊家の家臣で、小沢一政といい、維新以降は陸軍の営繕部に勤務していたが、数年前亡くなったということであった。寿衛子はその次女だった。

寿衛子の父の在命中は、小沢家の邸は、表は飯田町六丁目通りから、裏はお濠の土手までつづく広大なもので、生活もゆたかであり、寿衛子も踊りや唄のけいこに毎日を送るなに不自由ない令嬢だったということだった。それが父の死によって、広大な邸宅も人手に渡ることになり、京都生まれの勝気な母は、大勢の子供を細腕一つで養うために、菓子屋を営んでいるという次第だった。

石版屋の主人の努力によって、この縁談はすらすらとはこび、私たちは結婚した。そして、新居を根岸の村岡家の離れに構えた。明治二十三年のことだった。

ムジナモ発見

じっとしていて静かに往時を追懐してみると、次から次に、あのことこのことと、いろいろ過去の事件が思い出される、何を言え九十余年の長い歳月のことであれば、そうあるべきであるはずなのである。

しかし、ふつうのありふれた事柄は、たとえ実践してきた自身のみには、多少の趣はあるとしても、他人には別にさほどの興味も与えまいから、そこで私はその思い出すものが、広く中外の学界に対して、いささか反響のあったことについて回顧し、少しくその思い出を書いて見ようと思う。それは、ときどき思い出しては忘れもしないムジナモなる世界的珍奇な水草を、わが日本で最初に私が発見した物語である。

今から、およそ六十年ほど前のこと、明治二十三年、ハルセミはもはやほとんど鳴き尽してどこを見ても、青葉若葉の五月十一日のこと、私はヤナギの実の標本を採らんがために、一人で東京を東にへだたる三里ばかりの、元の南葛飾郡の小岩村伊予田におもむいた。

江戸川の土堤内の田間に一つの用水池があった。この用水池は、今はその跡形もなくなっている。この用水池の周囲にヤナギの木が繁っていて、その小池をおおうていた。私はそこのヤナギの木によりかかって、その枝を折りつつ、ふと下の水面に眼を投げた刹那、異形な物が水中に浮遊しているではないか。

「はて、なんであろうか」と、さっそくこれをすくい採って見たら、いっこうに見慣れぬ一つの水草であったので、そうそう東京に戻って、すぐさま、大学の植物学教室（当時のいわゆる青長屋）に持ち行き、同室の人々にこの珍物を見せたところ、みな「これは？」と驚いてしまった。

時の教授矢田部良吉博士が、この植物につき、書物（たぶんダーウィンの「インセクチヴホラス・プランツ」であったろう）の中で、何か思いあたることがあるとて、その書物でその学名を捜してくれたので、そこでそれが世界で有名なアルドロヴァンダ・ベンクローサであることが分かった。

この植物は、植物学上イシモチソウ科に属する著名な食虫植物で、カスパリーやダーウィンなどによって、詳らかに研究されたものであった。

しかし、この植物は、世界にそうたくさんはなく、ただわずかに欧州の一部、インドの一部、濠洲の一部にのみ知られていたが、今回意外にもかくわが日本で発見せられたので、ここに新しく一つの産地がふえたわけだ。その後、さらにシベリア東部の黒竜江の一部にもこれを産することが分かり、ついに世界の産地がとびとびに五カ所になった。

日本では、上記の小岩村での発見後、それが利根川流域の地に産することが明らかとなり、さらに大正十四年一月二十日に山城の巨椋池《おぐら》でも見出された。この発見者は当時京都大学の学生だった三木茂博士であった。この池のムジナモは干拓のため不幸にして、その影響をこうむり、惜しいことには、ついに絶滅してしまった。

ムジナモは「貉藻」の意で、その発見直後、私のつけた新和名であった。すなわちそれはその獣尾の姿をして水中に浮かんでおり、かつこれが食中植物であるので、かたがたこんな和名を下したのであった。

このムジナモは緑色で、いっこうに根はなく、幾日となく水面近くに浮かんで横たわり、まことに奇態な姿を呈している水草である。一条の茎が中央にあって、その周囲に幾層の車輻状をなしてたくさんな葉がついているが、その冬葉には端に二枚貝状の嚢がついていて、水中の虫を捕え、これを消化して自家の養分にしているのである。ゆえに、根はまったく不用ゆえ、もとよりそれを備えていない。また、葉のさきには四、五本の鬚がある。

前に書いたように、明治二十三年五月十一日にこのムジナモが発見せられた直後、私はこの植物のもっとも精密な図を作らんと企てた時に当たって、不幸にして私にとってははなはだ悲しむべき事件が、私と矢田部教授との間に起こった。

その時分、私は「日本植物志図篇」と題する書物を続刊していたが、にわかに矢田部氏が私とほぼ同様な書物を出すことを計画し、私は全然植物学教室の出入りを禁じられてしまった。

そのときは、まだ私が大学の職員にならん前であったが、どうも仕方がないので止むを得ず、私は、農科大学の植物学教室に行って、このムジナモの写生図を完成した。後に、それを「植物学雑誌」で世界に向かって発表した。そして、このムジナモはわが国の植物界でもきわめて珍しい食虫植物として、いろいろの書物に掲げられて、日本でも名高い植物の一つとなった。

ここに、このムジナモについて、特筆すべき一つの事実がある。それは世界に向かって誇ってもよい事柄である。すなわち、それはこの植物が、日本において特に立派な花を開くことである。私はこれを、明瞭にかつ詳細に私の写生図の中へ描き込んでおいた。

どうした理由のものか、欧洲、インド、濠洲等のこのムジナモには、確かに花が出るには出るが、いっこうにそれが咲かないで、単に帽子のような姿をなし、閉じたまま済んでしまう。ところが、日本のものは、立派に花を開く。

そこで、私の写生した図の中の花が、欧洲の学者へはきわめて珍しく感じたわけであろう、後にドイツで発刊された世界的な植物分類書エングラー監修のかの有名な「ダス・プランツェンライヒ」にはその開いた花の図を、上の私の写生図から転載して、私の名とともにこの檜舞台へ登場させてあった。

私は、これを見て、かつての私の苦難の中でできた図が、かくも世界に権威ある書物に載せらるるのは、面目この上もないことであると、ひそかに喜んだ次第である。

貧乏物語

大学の助手に任ぜられた私は、初給十五円を得ていたが、なにせ、いかに物価が安い時代とはいえ、一家の食費にもこと足りない有様だった。

その頃、家の財産もほとんど失くなり、すかんぴんになっていた。私は元来、酒屋の一人息子として鷹揚に育ってきたので、十五円の月給だけで暮らすことは容易ではなかった。借金もたまり、にっちもさっちもいかなくなってしまった。

結婚して以来、子供がつぎつぎに生まれ、暮しは日増しに苦しくなった。月給はいっこう上がらず、財産は費い果たして一文の貯えもない状態だったので、食うために仕方なく借金をつづけた。そのため毎月、利子の支払いに苦しめられた。

執達吏にはたびたび見舞われた。私の神聖な研究室を蹂躙されたことも一度や、二度ではなかった。私は、積み上げたおびただしい植物標品、書籍の間に坐して茫然として、執達吏たちの所業を見まもるばかりだった。一度などは、ついに家財道具の一切が競売に付されてしまい、翌日は、食事をするにも食卓もない有様だった。

この頃、こんなことがあった。私が大学から帰ってくると、家の門に赤旗がでていると、これは借金取りが来ている危険信号であった。この赤旗を見ると、私は、その辺をぶらぶらして、借金取りの帰るのを待っていた。そして、赤旗がなくなると、やっと家へ入るようにした。鬼のような借金取りとの応待はいっさい女房がやってくれた。

家賃もとどこおりがちで、しばしば家主から追い立てを喰った。止むなく引っ越しをせざるを得なくなるはめに立ちいたったことも再三再四であった。

なにしろ、子供が多く大世帯なので二間や、三間の小さな家に住むわけにもいかず、なかなか手頃な家が見つからなかった。標品をしまうには少なくとも八畳二間が必要ときているので、適当な大きさの貸家で、家賃の安い家を探すのにはほとほと困惑した。

その間、私の妻は、私のような働きのない主人に愛想をつかさずよくつとめてくれた。私のごとき貧乏学者に嫁いで来たのも因果と思ってあきらめたのか、嫁に来たての若い頃から、芝居も見たいと言ったこともなく、流行の帯一本欲しいと言わなかった。

妻は、女らしい要求の一切を捨てて、蔭になり、日向になって、絶えず私の力になって尽してくれた。

この苦境の中に、大勢の子供たちに、ひもじい思いをさせないで、とにかく学者の子として育て上げることはまったく並たいていの苦労ではなかったろうと思い、これを思うと今でも妻が可哀そうでならない。

私は、この苦労をよそに、研究に没頭していた。しかし、明日はいよいよ家財道具の一切が競売に付されるという前の晩などは、さすがに頭の中が混乱して、論文を書くことも容易ではなかった。この苦境時代、歯を喰いしばって、書きつづけた千ページ以上の論文が、後に私の学位論文となったものである。

その頃、東京大学法科の教授をしていた法学博士の土方寧君は、私のこの窮状を見かねて努力してくれた。土方博士は、私と同郷の佐川町出身の学者である。

時の大学総長浜尾新博士は、土方教授から私のことをきき、ある日私を呼んで、

「君の窮状はよく判るが、大学には他にも助手は大勢いるのだから、君だけ給料を上げてやるわけにはいかん。しかし、何か別の仕事を与えて、特別に手当を出すように取りはからってやろう」

と、言われた。

そして、東京大学から「大日本植物志」が出版されることになり、私がこれをひとりで担当することになった。費用は、大学紀要の一部から支出された。

私は浜尾総長のこの好意に感激し、「大日本植物志」こそ、私の終生の仕事として、これに魂を打ちこんでやろうと決心した。そして「日本人はこれくらいの立派な仕事ができるのだということを、世界に向かって誇り得るようなものをつくろう」と大いに意気ごんだ。

ところが、このことは私に対して学者たちの嫉妬の的となった。

松村任三教授は、学問の上からも、感情の上からも私に圧迫を加えるようになった。「大日本植物志」はあまり大きすぎて持ち運びが不便だとか、また文章が牛の小便のように長ったらしいから、縮めねばいかんとかいうけちをつけられた。

そのうち、松村教授は、「大日本植物志は牧野以外の者にも書かすべきだ」と言いだした。

しかし、私は、これは元来私一人のためにできたものだと承知していたので、浜尾総長に相談したところ、「それは、牧野一人の仕事だ」と言明されたので、松村教授の言を拒否した。

しかし、この「大日本植物志」は第四集まで出版されたが、四囲の情勢がきわめて面白くなくなったので、中絶の止むなきにいたった。

植物学教室の人々の態度はきわめて冷淡なもので、この刊行が中絶したことをひそかに喜んでいるふうにさえ見えた。

そうこうしているうちに理科大学長の箕作学長が亡くなられ、新たに桜井錠二博士が学長に就任された。桜井学長は、私についてはまったく知っておられなかった。

松村教授は私を邪魔者にし、学長にたきつけて、ついに私を罷免した。こうして、私は大学を追われる身となってしまった。

しかし、植物学教室の矢部吉貞、服部広太郎の両君などは、この免職を承服せず「自分らが何とか計らうから、お前は黙っていろ」と言った。

松村教授は、元来決して悪い人間ではなく、むしろきわめて人が善いのだが、側からたきつけられるとその気になりやすい人だった。この時、平瀬作五郎などはこのたきつけ役だった。

しかし、教室の中には「松村教授は、狭量で智恵が足りない、なぜ牧野を味方にしないのか」という声もあった。

私が大学を追われるにいたったには、松村教授夫人の主張があったようである。というのは、私の結婚直後、家内が一時里に帰っていたことがある。その時、松村教授の奥さんが、その縁者の娘を私にもらってくれと言ってきたことがある。夫人は、牧野を身内にして松村を助けてもらおうという考えであったようである。しかし、私はこの縁談を断わった。そのため夫人は怒って、私の追出しをそそのかしたのだとも思う。

東京大学助手を罷免された私は、まもなく大学講師として復活することができた。これは矢部、服部両者の尽力のおかげだった。講師になると月給三十円に昇格した。

やがて、五島清太郎博士が学長になられたが、五島学長は私に非常に好意を示された。

私の罷免事件に当たり私のために尽力してくれた服部広太郎博士に関しては愉快な思い出がある。服部広太郎博士は現在、皇居において陛下の生物学御研究所の御用掛りとして活躍しておられるが、昔からすこぶるハイカラであった。ハイカラというように、事実、すこぶる高いカラーをしていた。

ある時、私が旅行の帰途、奮発して一等車に乗ってみたことがあった。「牧野はいつも貧乏で、三等車にしか乗れない」と思われているので、たまにはと思って一等車を奮発してみたわけである。私が意気揚々と乗りこんで、ふんぞり返っていると、偶然途中から服部広太郎君が一等車に乗ってきた。そして、たちまち発見されてしまい、「これは一大珍事」とばかり、宣伝されてしまった。

そうこうしているうちに、財政はますますどん詰まって、ついに植物標本も売り払わなければならないはめに立ちいたった。

その時、渡辺忠吾という人があって、私の窮状を心配してくれ、朝日新聞に私の窮乏状態を書いて世間に発表した。

この時、この新聞記事を見て、救いの手を私に差しのべてくれた人がふたりある。ひとりは、久原房之助氏である、他のひとりは神戸の池長孟氏であった。また、この時、私のために尽力してくれた人が、大阪朝日の長谷川如是閑氏と、東京朝日の如是閑氏の令兄、長谷川松之助氏とであった。

朝日新聞社からは、久原房之助氏は金はあるが家が組織立っているので自由がきかぬ嫌いもあるから、多額納税者の池長孟氏の方がなにかと好都合かもしれないといってきた。

こうして、私は池長孟氏の援助を受けることになった。その当時池長氏はまだ京都大学の法科の学生だった。池長氏は私の借財全部を返済してくれたり、親身になって尽してくれた。そして、池長研究所をつくり、ここに私の植物標品を保管することになった。しかし、その後、池長氏の母上が私に金を出すことを嫌い、この研究所での仕事は停止してしまった。しかし、私はこの池長氏の財政援助でやっと苦境を切りぬけることができたのである。

すえ子笹

昭和三年二月二十三日、わが妻寿衛子は五十五歳で永眠した。病原不明の死だった。病原不明では、治療しようもなかった。世間には他にも同じ病の人もあることと思い、その患部を大学へ寄贈しておいた。

妻が重態のとき、仙台からもって来た笹に新種があったので、私はこれに「スエコザサ」の名を付し、「ササ・スエコヤナ」なる学名を付して、発表し、この名は永久に残ることとなった。この笹は、他の笹とはかなり異なるものである。

私は、このスエコザサを妻の墓に植えてやろうと思い、庭に移植しておいたが、今ではそれがよく繁茂している。

妻の墓は、今、下谷谷中の天王寺墓地にあり、その墓碑の表面には、私の詠んだ句が二つ、亡き妻への長しなえの感謝として深く深く刻んである。

家守りし妻の恵みやわが学び

世の中のあらん限りやスエコ笹

妻は、今、私の住んでいる東大泉の家に、ゆくゆくは立派な植物標品館を建て、これを中心に牧野植物園をこしらえてみせるという理想をもって、大いに張り切っていたのであったが、これもとうとう妻のはかない夢として終わってしまった。今の家ができて、喜ぶ間もなく妻は亡くなってしまったからである。

しかし、私は、いつの日か、妻の理想が実現できると信じている。

哀しき春の七草

「植物研究雑誌」が経済的な難局に打ち当たり刊行が困難となったおり、私は偶然、成蹊学園を主宰しておられた中村春二さんの知遇を得ることとなり、同誌は廃刊の憂き目をまぬがれることができた。これはこんないきさつであった。

大正十一年七月、私は成蹊高等女学校の生徒に野州の日光山で植物採集を指導することを依嘱せられ、同校職員生徒とともに同山におもむいたおり、中村さんに親炙《しんしゃ》する機会に逢著したわけである。

そのとき、日光湯本温泉の板屋旅館を根拠として毎日採集を行なった。宿の一棟には生徒たちが入り、二階に私と中村さんが間をとった。このとき、部屋が隣なので私は中村さんといろいろな物語を交した。

私は、身の上ばなしや、植物研究雑誌のことなどを話すと、中村さんはよくこれを聴かれ、あつき同情の心を寄せられた。そして、植物研究雑誌に対し援助を与えられることになった。このときの同誌に私は

「本誌は、中村春二氏の厚誼により枯草の雨に逢い、轍鮒の水を得たる幸運に際会することを得、秋風蕭殺たる境から、急に春風駘蕩の場に転じた」

と、書いて厚くその友誼を謝した。

同氏はまた「日本植物図説」刊行のため、毎月数百円の金子を私のために支出してくれた。この援助によってできた図は八十枚ほどある。この図説刊行は、もっか私の終生の念願となっている。

大正十三年正月、私は中村さんの病重しとの報をきき、同氏を慰めんものと、正月の一日鎌倉におもむき、春の七草を採集し来たって、いちいちこれに名を付し、籠に盛って病床を訪れた。

中村さんは、涙を流してこれを喜ばれ「正しい春の七草をはじめて見た」といわれ、七草がゆにする前にしばらく床の間に飾ってこれを楽しまれたという。その後まもなく、二月二十一日、同氏は溘焉として長逝された。

中村さんの長逝は、私にとって一大打撃だった。なによりも私の最も良き理解者、心の友を失った悲しみは耐え難いものがあった。中村さんは、死ぬ間ぎわまで私のことを気にかけて、その後継者たるべき校長の某氏を呼んで、「自分亡きあとも、牧野を援助するように」とくれぐれも遺言されたそうであるが、某氏は私に対しては冷淡であり、援助もやがて途絶えてしまった。

中村さんについては次のことを記さねばならない。

それは、同氏没後、同校の生徒をつれて再び日光に行ったおり、同じ宿の二階に校長の某氏と間をとったとき、はじめてそれと気付いて感激したのであるが、二度目に行ったときは、以前中村さんの居られた部屋に私が入り、私の居た部屋に校長が入ったのであるが、私が前に居った部屋は、上等な広々とした部屋であったのに、今度は狭い控えの間であった。思えば、中村さんは、私に客人としての礼を尽され、自らは控えの間に下がって、私に良い部屋を提供してくれたわけであった。私は、校長の某氏が良い部屋に収まり、私を控えの間に入れて平然たるのを見て、世には良くできた人間と、そうでない人間とがあることを痛感したのであった。

私は、敬愛する中村春二さん遺愛の硯を乞い受け今でも座右に置いて、同氏を偲んでいる。

私は同氏の援助によってはじめられた「日本植物図説」の刊行を断固としてやり遂げる決心でいる。私はその巻頭に中村春二さんの遺徳を偲んで、図説刊行の由来を銘記し、これを霊前に捧げようと考えている。

なお、私の愛弟子中村浩博士は、この中村春二さんの令息である。

大震災のころ

私は関東大震災のころは、渋谷の荒木山に居た。私は元来、天変地異というものに非常な興味を持っていた。

私は、大正十二年九月一日の大震災のときも、これに驚くというよりは、非常な興味を感じた。私は大地の揺れ動くのを心ゆくまで味わっていた。

当時、私は猿又一つで、標品の整理をしていたが、坐りながら、地震の揺れ具合を観察していた。

そのうち、隣家の石垣が崩れ出したのを見て、家が潰れてはたいへんと思って、庭に出て、木に摑まっていた。

妻や娘たちは、家の中に居て出てこなかった。家は、幸いにして多少瓦が落ちた程度だった。

余震が恐ろしいといって、みな庭にむしろを敷いて夜を明かしたが、私だけは家の中に入って、余震の揺れるのを楽しんでいた。後に、この大地震は震幅が四寸もあったと聴き、もっと詳しく観察しておくべきだったと残念に思った。もう一度ああいう大地震に生きているうち遇ってみたいものだと思っている。

この大地震では、せっかく上梓したばかりの「植物研究雑誌」第三巻第一号を全部焼いてしまった。残ったのは見本刷り七部のみだった。

震災後、二年ばかりして、渋谷の家を引き払って、今の東大泉に転居した。標品を火災その他から安全に護るには、郊外の方が安全だと思ったからである。

川村清一博士のこと

理学博士川村清一君は、日本における蕈《キノコ》の研究家として第一人者であったが、六十六歳を一期として、胃潰瘍のため吐血し、急逝されたのは惜しみてもなおあまりがある。

君は作州津山の生まれで、松平家の臣であった。明治三十九年（一九〇六）七月に東京帝国大学理学部植物学科を卒業し、直ちに日本の菌類を研究する道をたどっていた。その間、洋行もし、内外多くの文献も集め、また実地に菌標本も蒐集して研究の基礎を築いた。今はこれらの書籍、標本はみな遺愛品となって残るにいたったが、遺族の方は、これを日本科学博物館に献納したと聞いた。私は斯学のため、また博士生前の努力のため、ひとえにそれを安全に保存せられんことを切望する次第である。

川村君は、自ら写生図を描くことが巧みであったので、他の画工を煩わすにおよばず、みな自分で彩筆を振るった。書肆が競って中等学校の植物学教科書を出版した華やかな時代には、同君に嘱して菌類の着色図を描いてもらい、その書中を飾ったものだ。甲の教科書にも、乙の教科書にもキノコの着色図版といえば、後にも先にも川村君の腕を振るう独壇場であった。

君には、二、三の優秀な菌類図書が既刊せられているが、その多年にわたって自身で写生して溜めたものを、まとめて一書となし、まず同君最後の作として、東京本郷の南江堂でこれを印刷に付し、やっとでき上がった刹那、昭和二十年の戦火で、不幸にもそれが灰燼となって烏有《うゆう》に帰した。まことに残念しごくなことで、確かに学界の大損失であるといえる。

川村君は燃ゆる心をもって再挙をはかっていた。幸いに、その原稿の原図が戦災を免かれ、安全に残ったことを同君の信書で知ったので、私はその不幸中の幸運を祝福し、右菌類図説の再発行を祈っていた。そのころ、昭和二十年八月十五日に終戦となったのでほどもなく、同君は山梨県東八代郡花鳥村竹居の疎開地から、無事に都下滝野川区上中里十一番地の自宅へ帰った。が、まもなく天、同君に幸いせずついに上に記したように不幸にして不帰の客となった。

同君は晩年には大いに菌類を研究して、新種へ命名し、世に発表するような仕事には手を出さなくなり、もっぱら従来研究したものを守り、それをまとめて整理し、世に公にすることに腐心せられていた。とにかく、日本で晨星《しんせい》も単ならざるほど少ない菌学者のひとりを喪ったことは、まことに遺憾のいたりである。まだ死ぬほどの老齢でもなかったが、どうも天命は致し方もないものだ。

同君と私とは、同君が大学在学当時以来、すこぶる昵懇《じっこん》の間であったので、突如として同君の訃音《ふおん》をきいたときには、ことに哀愁の感を禁じ得なかった。

桜によせて

高知県土佐国高岡郡佐川町は、私の生まれ故郷で、そこは遠近の山で囲まれ、春日川の流れを帯びた一市街であって、郊外には田園が相つらなっている。

この地は、明治維新前は国主山内早侯の特別待遇を受けていた深尾家、一万石の領地の核心区であった。

したがって士輩の多いところで、自然に学問がさかんであった。この地よりの近代の出身者には、まず宮内大臣たりし田中光顕、貴族院議員たりし古沢滋（旧名迂郎《うろう》）、侍従たりし片岡利和、県知事たりし井原昂、大学教授たりし工学博士広井勇、同じく法学博士土方寧、その他医学博士山崎正薫など、多くの人材を輩出した。昔は、「佐川山分学者あり」と評判せられた土地で、当時の名教館と称する深尾家直轄の学校があって、もっぱら儒学を教え、したがって儒学者が多かった。

この佐川町の中央のところから、南へはいった場所を奥の土居という。東西と南の奥とは山をもって限っている小区域で、奥の方から一つの溪流が流れでている。その西側の山にそって一寺院があって、これを青源寺という。土地では由緒ある有名な古刹で、そのうしろは森林鬱蒼たる山を負い、前は、かの溪流のある窪地を下瞰《かかん》している。寺の前方と下の地はむかしから桜樹が多いところで、これはみないわゆるヤマザクラである。

今から五十数年前の明治三十五年、当時、土佐には東京に多く見るソメイヨシノがなかったので、私はその苗木数十本を土佐へ送り、その一部を高知五台山に、またその一部をわが郷里の佐川にも配った。今この五台山竹林寺の庭にはこのときのソメイヨシノの木が数本あるが、これはそのかみ同寺の住職船岡芳作師が、私の送った苗木を植えたものだ。しかるに今日同寺の僧侶たちはいっこうにこのソメイヨシノの木の由来をしらぬようだ。

佐川では、当時佐川にいた私の友人堀田孫之《よりゆき》氏が、これを諸所にわかち、中の若干本を右の奥の土居へ植え、従来のヤマザクラにこれを伍せしめた。

それが、年をへて成長し、五十余年をへた今日では既に合抱の大木となり、毎年四月には枝を埋めて多くの花をつけ、ヤマザクラと共に競争して、ことに壮観を呈する。

今日、この奥の土居は佐川町にあって一つの桜の名所となって、その名が四方に聞こえ、ちょうど同町は高知から須崎港に通ずる鉄道の一駅佐川駅に当たっているので、花時には観桜客が、遠近から押しかけ来たり、雑沓をきわめ、臨時にいろいろの店や、掛茶屋ができ、また大小のボンボリをともし、花下ではそこここに宴を張って大いに賑わい、夜に入れば夜桜を賞し、深更におよぶまで騒いでいる。

私は、自分の送った桜が、かくも大きくなり、またかくもさかんに花が咲くにかかわらず、いつもその花をみる好機を逸し、残念に思っていたが、ついに意を決し、昭和十一年四月、久しぶりで帰省し、珍しくもはじめてその花見をした。そしてわが送りし桜樹が、かくも巨大に成長したのを眺めて喜ぶと同時に、自分もまたその樹齢と併行して、まさに三十余年を空過し、木はこのようにさかんに花をつけたが、われは一事の済ますことなくいたずらに年波の寄するを嘆じ、どうしても無量の感慨を禁ずることができなかった。

しかし、幸いに、私の心づくしのこの木がかくもよく成長して花を開き、いくぶんかでも花見客を引き寄せるために、わが郷里をにぎわす一助にもなっていれば、これこそそれを往時に贈った意義があったというべきもので、真に幸甚のいたりである。そこで、花見客に与うるために、土地の友人のもとめに応じて、左の拙吟をビラとなし、これをみんなに唄わしていささか景気をつける一助とした。

歌いはやせや佐川の桜
　町は一面花の雲
匂う万朶《ばんだ》の桜の佐川
　土佐で名高い花名所

長蔵の一喝

昭和七年頃の読売新聞に、「牧野が尾瀬に植物採集にでかけ、尾瀬の主、長蔵の一喝に逢い、ほうほうのていで逃げ帰ってきた」という記事がでたことがある。

これは、まったく、途方もない嘘である。そんな事実は、全然なかったことは、このときの同行の人々がよく知っている。

このときは、長蔵はおろか、だれひとりにも出会わなかった。そしてまた私が長蔵に叱られる理由もなければ、また長蔵にそんな権利もない。

しかし、長蔵は、私が人よりはたくさんに植物を採るというので、山を荒らすとでも、誤解していたらしいことは確かである。長蔵は私が尾瀬に植物採集にいくことをあまり悦んでいなかったのは事実のようだ。

こういう悪い先入観を、長蔵にたきつけたのは某氏であって、「牧野はとてもたくさん植物を採集するから、追い返してしまえ」などと、善良でしかもいっこくな山男、長蔵へたきつけたものらしい。そこで、長蔵じいさんは、私に対してあまりよい感じを持っていなかったらしい。

それを、だれかが聞きかじり、尾にひれをつけて、こんな事実無根なつまらぬことを新聞に出してしまったものと思われる。これは、かえって長蔵の徳を傷つけるというもんだ。

これと同じようなことが、軽井沢でもあった。毎年夏、軽井沢に避暑していた尾崎咢堂は、軽井沢の自然美をまもるために、植物採集を嫌っていた。そこで、私が軽井沢にいくことをこころよく思わなかった。こういう、つまらぬことを新聞が書きたてるのは困る。

この尾崎咢堂と私が、後にふたり仲良く東京都名誉都民にえらばれたのも不思議な縁というものである。

私の健康法

私は、文久二年生まれで、今年九十五歳ですが、別に特別の健康法を実行しているわけではない。平素淡々たる心境で、平々凡々的に歳月を送っている。すなわち、このように心を平静に保つことが、私の守っている健康法だともいえる。

しかし、長生きを欲するには、いつもわが気分を若々しく持っていなければならない。

私は、今日でも、老だとか、翁だとか、爺などといわれることが嫌いである。人から、牧野老台などと書かれるのをまったく好かない。それゆえ、自分へ対して、今日まで、こんな字を使ったことは一度もなく、

わが姿たとへ翁と見ゆるとも
心はいつも花の真盛り

と、いう心境である。

若さを保つには、若い女性に接することも必要であると思う。私は先年、日劇にストリップショウを見にでかけ、ヌードというものを見物したが、若い女はええものである。このときは、週刊

読売かなにかに、ストリップガールにとり囲まれている私の写真が大きく出、「いやしくも学士院会員たる身分のものが、品位にかかわる、けしからん」と、物議をかもしたようだが、学士院会員はできるだけ長生きしてお国のために尽すのが本分だから、長生きのために若い女性に接するのは少しも悪いことではあるまい。

私は生来、わりあいに少食である。また、特に好き嫌いというものはなく、なんでも食べる。胃腸がすこぶる丈夫なのでよく食物を消化してしまう。

私は、従来、牛肉が大好きだが、鶏肉はあまり喜ばない。また、魚類は好まなかったが、近頃は、食味が一変し、よくこれを食べるようになった。

コーヒーや紅茶はいたって好きで、喜んで飲むが、抹茶はあまりありがたいと思わない。

私は、酒と煙草には生来まったく縁がない。幼少時代から、両方とものまない。元来、私は酒造家の息子だったから、酒に親しむ機会に恵まれていたが、いっこうのまなかった。

私が、酒と煙草とをまったく用いなかったことは、私の健康に対して、どれほど仕合せであったかと、今日大いに悦んでいる次第である。

九十歳を過ぎても、手がふるえず、字を書いても若々しく見え、あえて老人めいた枯れた字体にはならない。また、眼も良い方で、まだ老眼になっていないので、老眼鏡などはまったく必要としない。いろいろの書きもの、写しものはみな肉眼でやり、また精細な図も、同じく肉眼で描く。歯も生まれつきのもので、虫歯などはない。

しかし、このごろは耳がすっかり遠くなって不自由である。頭髪はほとんど白くなったが、私は禿にはならぬ性である。

それから、頭痛、のぼせ、肩の凝り、体の倦怠、足腰の痛みなどは絶えてなく、私は按摩の厄介になったことはまったくない。また、下痢などもあまりせず、両便ともすこぶる順調である。

睡眠時間は、まず通常六時間あるいは七時間で、朝はたいてい八時前後に目を覚ます。夜は、熟睡する。夢はときどき見る。昼寝は従来したことがなかった。

ここ二、三年来外出していないので、大いに運動が不足している。かつ、日光浴も不充分だと思うので、これからその辺のことに、大いに注意しようと思っている。

人は、私に百歳までは生きられるだろうというが、私は、百二十歳までは生きてみせると思っている。

終りに、近詠を示しておこう。

いつまでも生きて仕事にいそしまん
　また生まれ来ぬこの世なりせば

何よりも貴き宝もつ身には
富も誉れも願はざりけり

私の信条

植物と心中する男

私は植物の愛人としてこの世に生まれきたように感じます。あるいは草木の精かも知れんと自分で自分を疑います。ハ、、、。私は飯よりも女よりも好きなものは植物ですが、しかしその好きになった動機というものはじつのところそこに何にもありません。つまり生まれながらに好きであったのです。どうも不思議なことには、酒屋であった私の父も母も祖父も祖母も、また私の親族のうちにもだれひとり特に草木の嗜好者はありませんでした。私は幼い時からただなんとなしに草木が好きであったのです。私の町（土佐佐川町）の寺子屋、そして間もなく私の町の名教館という学校、それに次いで私の町の小学校へ通う時分よく町の上の山などへ行って植物に親しんだものです。すなわち植物に対しただ他愛もなく、趣味がありました。私は明治七年に入学した小学校が嫌になって半途で退学しました後は、学校という学校へは入学せずにいろいろの学問を独学自修しまして多くの年所を費しましたが、その間一貫して学んだ、というよりは遊んだのは植物の学でした。

しかし私はこれで立身しようの出世しようの名を揚げようの名誉を得ようのというような野心

は今日でもそのとおりなんら抱いていなかった。ただ自然に草木が好きで、これが天稟の性質であったもんですから、一心不乱にそれへそれへと進んでこの学ばかりはどんなことがあっても把握して棄てなかったものです。しかし別に師匠というものがなかったから、私は日夕天然の教場で学んだのです。それゆえ絶えず山野に出でて実地に植物を採集し、かつ観察しましたが、これが今日私の知識の集積なんです。

私が植物の分類の分野に立ちて絶えず植物種類の研究に没頭してそれから離れないのは、こうした経緯から来たものです。ちょうど忽々歳月人を待たずで私は今年七十二歳ですが、かく植物が好きなもんですから毎年よく諸方へ旅行しまして実地の研究を積んで、あえて別に飽きることを知りません。すなわちこうすることが私の道楽なんです。およそ六十年間くらいなんのわき目もふらずにやっております結果、その永い間に植物につきいろいろな「ファクト」をのみ込んではいますが決して決して成功したなどという大それた考えはしたことがありません。いつも書生気分でまだ足らない足らないとわが知識の未熟で不充分なのを痛切に感じています。それゆえわれは学者で候のと大きな顔をするのが大きらいで、私のこの気分は私に接するお方はだれでもそうお感じになるでしょう。少しくらい知識を持ったとてこれを宇宙の奥深いにくらぶればとても問題にならぬ程の小ささであるから、それはなんら鼻にかけて誇るには足りないはずのものなんです。ただ死ぬまで戦々兢々として一つでもよけいに知識の収得につとむればそれでよいわけです。

私は右のようなことで一生を終わるでしょう、つまり植物と心中を遂げるわけだ。このように植物が好きですから、私が明治二十六年に大学に招かれて民間から入った後ひどく貧乏したときでもこの植物だけは勇猛にその研究を続けてきました。そのときはとても給料が少なく生活費、たくさんの子供（十三人出来）の教育費などで借金ができ、ときどき執達吏に見舞われましたが、私はいっこうに気にせず押えるだけは自由に押えていけと、その傍の机上で植物の記事などを書いていました。こんなことの昔はきょうの物語りとなったけれども、今だって私の給料は私の生活費には断然不足していますけれど、老身を提げての私の不断のかせぎによってこれを補い、まず前日のようなミジメナことはなく、辛うじてその間を抜けてはおります。私は経済上あまり恵まれぬこんな境遇におりましてもあえて天をも怨みません、また人をもとがめません。これはいわゆる天命で、私はこんな因果な生まれであると観念している次第です。

私は来る年も来る年も、左の手では貧乏と戦い右の手では学問と戦いました。その際そんなに貧乏していても、一時もその学問と離れなく、またそう気を腐らかさずに研究を続けておれたのは植物がとても好きであったからです。気のクシャクシャしたときでも、これに対するともう何もかも忘れています。こんなことで私の健康も維持せられしたがって勇気も出たもんですから、いっこその永い難局が切り抜けて来られたでしょう。そのうえ私は少しノンキな生まれですからう平気で、とても神経衰弱なんかにはならないのです。私は幼い時から今でも酒と煙草とをのみませんので、したがってそんな物で気をまぎらすなんていうことはありませんでした。ある新聞に私を酒好きのように書いてありましたがそれはまったく誤りです。

前にも申しましたとおり私も古稀の齢を過ごしはしましたが、今のところ昔の伏波将軍のごとくきわめて健康で若い時とあまり変りはありません、いつか「眼もよい歯もよい足腰達者うんと働くここの御代に」と口吟しました。しかし何といったとて百までは生きないでしょう。植物の大先達伊藤圭介先生は九十九で逝かれた例もあれば、運よく行けば先生くらいまでには漕ぎつけ得るかも知れんと、マーそれを楽しみに勉強するサ。いま私には二つの大事業が残されていますので、これから先は万難を排してそれに向こうて突進し、おおいに土佐男子の意気を見せたいと力んでいます。いいふるした語ではあるが、精神一到何事不成とはいつになっても生命ある金言だと信じます。やア、くだらん漫談をお目にかけ恐縮しております。左に拙吟一首

朝な夕なに草木を友にすればさびしいひまない

植物に感謝せよ

植物と人生、これはなかなかの大問題で、単なる一篇の短文ではその意を尽すべくもない。堂堂数百ページの書物が作り上げらるべきほどその事項が多岐多量でかつ重要なのである。ところがここには右のような竜頭的な大きなものは今にわかに書くこともできないので、ほんの蛇尾的な少しのことを書いてみる。

世界に人間ばかりあって植物が一つもなかったならば「植物と人生」というような問題は起りっこがない、ところがそこに植物があるのでここにはじめてこの問題が抬起する。

人間は生きているから食物をとらねばならぬ、人間は裸だから衣物を着けねばならぬ。人間は風雨を防ぎ寒暑をしのがねばならぬから家を建てねばならぬのでそこではじめて人間と植物との間に交渉があらねばならぬ必要が生じてくる。

右のように植物と人生とはじつに離すことのできぬ密接な関係に置かれてある。人間は四囲の植物を征服していると言うだろうがまたこれと反対に植物は人間を征服していると言える。そこで面白いことは植物は人間が居なくても少しも構わずに生活するが人間は植物がなくては生活のできぬことである、そうすると植物と人間とを比べると人間の方が植物より弱虫であるといえよう。つまり人間は植物に向こうてオジギをせねばならぬ立場にある。衣食住は人間の必要欠くべからざるものだが、その人間の要求を満足させてくれるものは植物である。人間は植物を神様だと尊崇し礼拝しそれに感謝の真心を捧ぐべきである。

われら人間はまずわが生命を全うするのが社会に生存する第一義で、すなわち生命あってこそ人間に生まれ来し意義を全うし得るのである。生命なければまったく意義がなく、つまり石ころとなんのえらぶところがない。

その生命をつないで、天命を終わるまで続かすにはまず第一に食物が必要だが、古来から人間がそれを必然的に要求するために植物から種々様々な食物が用意せられている。チョット街を歩いても分かりまた山野を歩いても分かるように、街には米屋、雑穀屋、八百屋、果物屋、漬物屋、乾物屋などがすぐ見付かる、山野に出れば田と畠とが続き続いていろいろな食用植物がじつに見渡すかぎり作られて地面を埋めている。その耕作地外ではなお食用となる野草があり、菌類があり、木の実もあれば草の実もある。眼を転ずれば海には海藻があり淡水には水草があってみなわが生命をつなぐ食物を供給している。

食物のほかにはさらに紡績、製紙、製油、製薬等の諸原料、また建築材料、器具材料などがあって吾人の衣食住に向かってかぎりない好資料を提供しているのである、そこで吾人はこれら無限の原料をよく有益に消化応用することによっていわゆる利用厚生の実を挙げ幸福を増進することを得るのである。

人間のかく幸福ならんとすることはそれは人間の要求で、またその永く生きて天命を終わることは天賦である。この天賦とこの要求とがよく一致併行してこそそこにはじめて人間のこの世に生まれ出て来た真の意義がある、人間はなぜに長く生きていなければならぬ？　また人間はなぜに幸福を求むることを切望する？　の最大目的は動物でも植物でもおよそ生きとし生けるものはみなあえて変わることはない。畢竟《ひっきょう》人間はわが人間種類すなわちHomo sapiensの系統をこの地球の滅するきわみ、どこまでも絶やさないようにこれを後世に伝えることと、また長く生きていなければ人間と生まれ来た責任を果たすことができないから、それである期間生きている必要があるのである。

世界に生まれ出たものただわれ一人のみならば別になんの問題も起こらぬが、それが二人以上になるといわゆる優勝劣敗の天則に支配せられてお互いに譲歩せねばならぬ問題が必然的に生じて来る、この譲歩を人間社会に最も必要なものとしてその精神に基づいてたてた鉄則が道徳と法律とであって、ほしいままに跋扈《ばっこ》する優勝劣敗の自然力を調節し、強者を抑え弱者を助け、そこで過不及なく全人間の幸福を保証したものだ、これが今日人間社会の状態なのである。

ところがそこにたくさんな人間が居るのであるから、その中には他人はどうでもよい、自分独りよければそれで満足だと人の迷惑も思わず我利な行ないをなし、人間社会の一人としてはじつに間違った考えをそのとおり実行するものがあって、社会の安寧秩序がいつも脅かされるので、そこで識者はいろいろな方法で人間を善に導き社会をよくしようと腐心している、今たくさんな学校があって人の人たる道を教えていても続々と不良な人間が後から出てきてひどく手を焼いている始末である。

心の緑化

戦時中の乱伐がたたって日本の山林のここ、かしこがほとんどハダカとなった。これとあたかも同じように人間の心までが殺伐となり、いまわしい社会的事件が次から次へと起こっている。最近になってようやく「樹を植えましょう」ということが叫ばれ、政府も国土緑化運動を国策の一つとしてとりあげ積極的にその指導にのりだしてきている。しかし樹木はただ国土の緑化という外面だけでなく人間の精神生活の各面にも直接役立っている。

監獄の庭に一本の名もない草が生えていた。ここの囚人達にとってはこの生命のある植物が生長していく過程を眺めることがなによりの楽しみであった。

これは一切の自由を失った彼らの殺風景な獄生活に、精神のいこいの場所を与えてくれたからであった。これはまた彼らに人として守らなければならない道を教え、思いやりの心を植えつけるのにも役立ったものである。

やがて彼らに未来にたいする明るい期待と希望を抱かせるようになった。一本の草花がもっているこの偉大な力を囚人達でなくていったいだれが想像できよう。

昔から植物を愛好する人には悪者はいないといわれている。植物はその自然の美しさを鑑賞させるためばかりのものでなく人間の行為を善導するという積極的、神秘的な力をもっている。悪人連中を人間本来の正しい道にたちかえらせる方法にはいろいろある。

たとえば美しい音楽のリズムをきかせるとか、植物の偉大な自然の生長過程に絶えず接触させるとか、あるいは教養の優れた女性を教師にするなどがあげられる。生き物である植物を愛することは、各人の心の中に思いやりの精神を無意識のうちに植えつけるものだと思う。

刑務所などにも美しい庭園をつくり花の咲く樹木を植えて囚人たちに見せ、その気持を慰めることが必要だ。

これは精神的な苦役に従事している彼らの心をやわらげ、自然の美しさによって彼らが犯した過去の罪悪に対する悔悟の念を起こさせるに大きな影響を与えるものだと思う。

教養の低い囚人たちには、理屈めいた説教をやるよりも自然にしてしかも、いきいきとした草木の美しさ生命の尊さを体得させることが大切である。これはまた彼らに人間本来の善を自覚させ自然の道理を知らせるうえにも必要なことである。

漫談・火山を割く

人は能く（この頃ヨクという場合に能く良の字を書いて平気でいるが、ヨクはどんな場合でも良の字でいいというわけのものではないくらいのことは、筆を持つ人は心得ていなければ人に笑われても怒る資格はない）希望に満ちた新年だと言う。ボクだってそうじゃないノ、希望のない人間は動いていても死んでいらア。そんなら君の希望はどんなものかと聴かれたらまずザット次のようなものだと答える。しかしこれはボクの希望の九牛の一毛であることだけは承知して貰いたい。どうも牧野もボツボツ松沢ものになりかけてきたようだ。

富士山の美容を整える

その希望の一つはなんであるかと言うと富士山の姿をもっとよくすることだ、富士山を眺めるとだれでも眼につくが東の横に一つの瘤があるだろう、あれはすなわち宝永山だ。人の顔にコブがあって醜いと同じことで、富士にもコブがあってはみっともない。元来あのコブの宝永山は昔はなかったものだが、今から二百三十年前の宝永四年にアンナことになっちゃった。考えてみるとそのコブのできる前はもっと富士の姿がよかったに違いないが、不幸にしてあんなものができたから悪くなった。

そこで私は富士山の容姿をもとどおりによくするためにアノ宝永山を取り除いてやりたいと思う。それはわけのないことで、もともと富士の側面の石礫岩塊が爆発のために下の方に噴かれ飛んでそれが積もって宝永山のコブとなり、これと反対にその爆発口はくぼんで大穴となっているから、その宝永山をなしている石礫岩塊をもとどおりにその窪みの穴にかき入れたらそれでよろしいのだ。そうすると跡形もなくコブもなくなり同時にその窪みもなくなって富士の姿が端然とよくなるのである。姿のよいのは姿の悪いのよりはいいくらいのことはだれでも知っているでしょう。そうなりゃどんな人でも私のこの企てに異議はなく、みなみな原案賛成とくるでしょう。

近頃は美容術がさかんで方々に美容院ができ、女ばかりでなくずいぶん男の人までもそこへ出入りする時世だから、富士の山へも流行の美容術を施してやる思いやりがあってもしかるべきだ。そして世人をアット言わせるのも面白いじゃないかね。やるならこのくらいのことをやって見せぬと大向うがヤンヤと囃してハシャガナイ。右はとてもイイ案でしょう。

ところがいよいよそれをやるとなると◯がいる、もしも私が三井、岩崎の富を持っていたらそれを実現させてみせるけれど、悲しいかな、命なるかな、私はルンペン同様な素寒貧であればどうもいくらとつおいつ考えてみても、とても一生のうちにそれを実行することは思いもよらない。

仕方がないからこの良策は後の世の太っ腹な人に譲るとしよう。

山を半分に縦割りする

次に私の希望は一つの山を半分に縦に割って、その半分の岩塊をまったく取り除いてみたい。つまり山を半分にするのダ。これをやるには大きな山はとても仕方がないからなるべく小さい孤立した山を選びたい。それには伊豆の小室山がもってこいだ。これなら実行の可能性が充分ある。その上それが休火山ときているからなおよろしい。

さていよいよそれが半分になったと仮定してみたまえ。その山はもと火山であるから、これを縦に割ればその山の成り立ちや組織などが判然し火山学、岩石学、地質学などに対しどれほどよい研究材料を提供するか知れない。かの有名なジャバのクラカトアの火山が半分ケシ飛んでいるが、マーそんなものになるわけだ。クラカトアの方は強烈な天然の爆発力であのようになったが、われわれはそれを人間わざでいこうというのダ。まだ今日まで世界広しといえどもこんなことをしたことはどこにもなかろう。それを学術のために日本人がしでかそうというのはほめた話であると言ってよい。

マー試みに一度やってみたまえ、それは珍しいと、内地人はもとより西洋から来る観光客などはワッワッと言って見物に行くにきまっている。それが評判になってこのことが宇内各国に知れ渡れば、ますます諸国の学者なども見学にやって来て賑わう。そこへ鉄道の支線をつくれば鉄道省ももうかるし、また観光局の御役人の顔の色もツヤツヤする。かくこの山を半截したおかげで外来見物人から金が日本に落ち、国の富が殖えるという寸法。なんと好い奇策ではないか。そしてその崩した土塊岩塊石礫はどこかその近傍の海を埋めたてることに使用すれば何百町歩の新地が期せずしてでき、こんな結構なことはまたとあるまい、やってみると面白いがナー。

もう一度大地震に会いたい

次の希望、これははなはだ物騒な話であるが、私はもう一度かの大正十二年九月一日にあったようなこの前の大地震に出会ってみたいと祈っている。

この地震のときは私は東京渋谷のわが家に居て、その揺れている間は八畳座敷の中央で（この日は暑かったので猿股一つの裸になって植物の標品をみていた）どんな具合に揺れるかしらんとそれを味わいつつ坐っていて、ただそのしまい際にチョット庭に出たら地震がすんだのでどうもあっけない気がした。その震い方を味わいつつあったとき家のザシザシ動く騒がしさに気を取られそれを見ていたので、体に感じた肝腎かなめの揺れ方がどうも今はっきり記憶していない。何を言え地が四、五寸もの間左右に急激に揺れたからその揺れ方をしかと覚えていなければならんはずだのに、それをさほど覚えていないのがとても残念でたまらない。

それゆえもう一度アンナ地震に会ってその揺れ加減を体験してみたいと思っているが、これはことによるとわが一生のうちにまた出会わないとも限らないからそう失望したもんでもあるまい。今頃は相模洋の海庭でポツポツその用意にとりかかっているのであろう。

富士山の大爆発

また富士山へもどるが、私はこの富士山がどうか一つ大爆発をやってくれないかと期待している次第だ。

だれもが知ってるように富士山は火山であって、有史以前はときどき爆発したことがあったわけだが有史後はそれがたまにあったくらいだ。今日ではいっこうに静まり返ってウンともスンとも音がしないが、元来が火山であってみればいつ持ち前のカンシャクが突発しないと、だれがそれをうけ合えよう。しかし少しくらいのドドンでは興が薄いが、それが大爆発ときて多量の熔岩を山一面に流すとなれば、それはそれはとても壮観至極なものだろう。もし夜中に遠近からこれを望めば、その山全体に流れる熔岩のため闇に紅の富士山を浮き出させ、たちまち壮絶の奇景を現出するのであろう。

そこが見ものだ、それが見たいのだ。山下の民に被害のない程度で上のような大爆発をやってくれぬものかと私はひそかにそれを希望し、さくや姫にも祈願し一生のうちに一度でもよいからそれが見えれば、私の往生は疑いもなく安楽至極で冥土の旅路もなんのさわりもないであろう。

日比谷公園全体を温室にしたい

東京の日比谷公園全体を一大温室にして、中に熱帯地方のパーム類、タコノキ類、羊歯《しだ》類、蘭類、サボテン類などを始めとして種々な草木を栽え込んで内部を熱帯地になぞらえ、中でバナナもみのればパインアップルもみのり、マンゴー、パパヤ、茘枝、竜眼など無論のことコーヒー、丁字、胡椒、カカオなどの植物もさかんに繁茂して花が咲き実がみのり、その他花の美麗な、また葉の美観な観賞草木を室内に充満するほど栽え渡し、その植物間を自由に往来ができるように路を通し、また大なる池を造りかの有名な大王蓮すなわちヴィクトリア、洋睡蓮、パピルスなどを養いて景致を添える。

処々にコーヒー店、休憩所、遊技場などを設備し、また宴会場、集会所、演奏場などその他万般の設備を遺憾なく整え、中へ入ればわが身はまるで熱帯地に居る気分を持つようにする。また動物は美麗な鳥、金魚のような魚、珍奇な爬虫類などを入れてもよいと思うが、動物は汚い臭い糞をひり出すのでその辺の注意が肝要である。

何を言えわが帝都の真ん中へ類のない一つの別世界をこしらえることであれば、これは確かに東洋特にわが日本の誇りの一つにもなろう。私は東京市が思い切ってこのような大々的規模のものを作らんことを希望するが、小っぽけな予算でさえ頭を悩ましている現代ではとても右のような計画は思いもよらないことでマー当分は問題にならんならん。

熱海にサボテン公園を

熱海もじつは地域があまり広くなく、そのうえこの頃はだいぶ人家がたくさんふえてますます発展してゆきつつあるので空地がだんだん狭められ、多少の埋立地もせねばならぬハメになっているようである。それゆえ果して適当な土地が得られるかどうだか私にはよく分からんが、もし幸いにその融通がきけば、これもやはり天然物を利用する熱海繁栄策が今一つ私の胸に往来している。それはこの地に一つのサボテン公園を造ることだ。

余地があればできるだけ大きなものにしたいはやまやまであるが、土地が狭いとするとやむを得ず斟酌《しんしゃく》を要するが、まず四、五町歩の小規模のものでがまんするよりほか途がない。そこで適当な地を選んでその地内へいっぱいのサボテンを栽え込む。このサボテンは従来からある大形の種でいちばん早くわが邦に渡来したものである。暖地ではよく出会う種類で層々と繁茂し、げんに熱海にもこれが見られる。枝は笏の形をなして深緑色を呈し、多少の小針をそなえ厚質で長さ一尺内外、幅三、四寸もあって長楕円形をなし、夏になるとその緑に柑黄色の花が咲き、のち楕円形の実がなりて淡黄色に熟し、味はまずいが食えぬことはない。すなわちわが日本へ初渡来のこの記念すべきサボテンを主人公として最も多数になん百株もなん千株も栽え、それへ配するに他の種々のサボテン類をもってし、そのサボテン群の間を縫う遊覧人の通路を付けベンチも備え、コーヒー店なども出すようにする。右のサボテン類は珍種は盗み去られる憂いがあるからなるべくふつうの品を栽える。それからその後へはユッカ、コルジリネ、フェニクス、シュロ、トウシュロ、シュロチク、カンノンチク、あるいはある針葉樹もしくはモクマオウ樹を列植し、サボテン間へはアガヴェ、アロエ、ハマオモト、ムラサキオモト、サンセヴィエラア、メセムブリアンテムムその他の多肉植物の輩を伍せしめ、他のふつうの闊葉草木はいっさい栽えない。そしてその分量はサボテン類を最もたくさん栽え込む。

そうすると見渡すかぎりサボテンが大小高低参差《しんし》として相より相連なり、これまで日本に絶えてなかった珍無類、奇抜しごくなサボテン園がはじめて出現し、みなをアット言わせること請合いである。一歩園内へ入ればたちまち熱帯国へ来たような気分になり、中にサボテン類の多いメキシコへ行ったかのような感じのする人もあるであろう。珍しい珍しいとてたちまち世間の好評を博し、遊覧者年中ひきも切らずに熱海へ殺到、この計画はきっと図に当たると信ずる。私に◯があれば熱海の人が経営するのを待つまでもなく、自分自身でやってみたくてたまらんけど、例のとおりだからどうにもこれはしかたがない。持つべきものは女房でもあれどまた金でもある。

東京を桜の花で埋めよ

日本の人は日本を桜の国だと自慢しいばっているが、果していばる資格があるであろうか？こちらから見ると少々噴飯を感ぜんでもないな。ことに東京市の桜ときたらなっちゃいない。残念なことである。

ぼくがもし東京市長であったならこんなけち臭い現状にしてはおかんね、そして大いにわが抱負を実行してみせるつもりだがそれはむろん夢の話さ。夢でない現市長がぼくらの希望どおりやってくれたらぼくは市長を神様として拝むがね。しかし惜しいことには、どうも市長はとても神様にはなり得ないような予感がしてならないが、この感じは決してぼくばかりでなくどなたもたぶん同様であろう。

東京の都はどうしても桜の花で埋めにゃいかん。春に花の咲いたときは市内どこへ行ってみてもさかんに桜が咲いているようにせにゃならん。つまり花の雲で東京を埋めりゃいい。これからは自動車を走らせて花見をすることもはやるであろうし、また飛行機で上からみおろして花見としゃれる人もあろう。さてこの飛行機でみおろしたとき下界は一面漠々たる花の雲で埋まり、家といえば高いビルディングの頂とか議事堂の塔尖とか浅草観音の屋根とか、そんな高い建物の巓こすが花の雲の中に突き立って見える程度に花が咲かねばうそである。

それからまた千住口のような出口の道の両側へは少なくとも二、三里の間桜を植えて、花時には長い花のトンネルとなるようにせねばならぬ。そうでなくただわずか二、三町くらいの長さでは自動車で花見をするときすぐ一瞬間でそれを通り抜け花を見る暇がない。それゆえせめても二、三里くらいは続いていないと問題にならん。もしそれが五、六里もの間続いていればなお結構だ。

このようになっていてこそ桜の国の名に恥じん桜の花の都となる。これならばヨーロッパのお方が見にこようがアメリカの人がおいでようがちっとも恥ずかしいことがない。が今日のようなそこにぐずぐず、間をおいてここにぐずぐずぐらいの貧弱さで桜の国の都でござるなんて言えた義理のもんじゃない。恥ずかしくない自慢の花の都にするにはまだ距離がだいぶ遠くてまあ一万光年の恒星を見るようなものだのう。日本がぐずぐずしているうちに金持ちのアメリカがひと足お先へご免と出かけてあちらで桜の世界を作り、日本のお株を奪わないとも限らない、現に向うではところによって日本から移した桜がよく咲き、その国人もそれに憧れているから決して注意を怠ってはならんならん。油断大敵火がぼうぼうとイロハがるたにあるじゃないの。

どうしても真実東京を花の都にせにゃならんが、これは東京市で何千万本の苗木を用意してこれを市内のどこもかへ植えることだ。めいめい人家の庭へもあまねく植えるようにし、もし家人が苗木を希望すれば無代でどこへでもそれを与え、また場合によっては市役所から人夫を派出し苗木を持たせてそれら希望者の所へ植えにやってもよい。「桜の会」などでは今日のように遊びごとみたいなことをせず、大いに勢を振って植桜の輿論を喚起し、それへ拍車をかくべきである。桜かざして今日も暮しつ式のことは昔のノンキな時代にすることで、今の時世にそんなヌルイことでは夜も日も明けないが、今日の「桜の会」はまずまず頼りないのが実状ではないかと恐れる。桜の苗をわずか八十本ぐらい植えてみたところでなんの誇りにもなりはしない。

それからその植える桜はなんでもよい。ソメイヨシノけっこう、ヤマザクラけっこう、里ザクラけっこう、なんでもかんでも桜の花で東京市を埋めさえすればことが足りる。しかし早くその目的を達するにはソメイヨシノがいちばん良いから主としてこのサクラを植えたらよろしい。人によってはソメイヨシノをけなしてヤマザクラでないといかんと言う連中があるけれども、それは場所によりけりで東京市中は濃艶で桜色で雲のごとき花を開くソメイヨシノで充分である。ソメイヨシノは疑いもなく都会にふさわしい桜である。

花菖蒲の一大園を開くべし

花ショウブはIris属中のキングで同属二百スペシース中の王座を占めているものである。イリス属のスペシース多しといえども花ショウブにしくものはない。この花ショウブは一種、すなわちワン・スペシースの中に二、三百の園芸的品種を含んでいてなおその上にその花が著大であり、雅美であり、花色もまた千差万別であって一ようではない。こんな例は同属中の他種ではとても見られえぬ一驚異である。そしてこの花ショウブが日本の特産ときているので吾人の鼻はとても高く天狗の鼻などは、へん、いっこうに問題じゃないわ。

この世界に誇るべき花ショウブ一大園がその本国なるわが日本にないとはとてもわれらにはもの足りない。従来東京附近の堀切ならびに四ツ木に花ショウブ園があるにはあれども、われらはあんな小規模のものを要求しているのではない。新たにわれらの設けんとする花ショウブ園は世界的の資格を備えたものとして少なくとも一里四方くらいのものにせねば意義がない。二里四方もあればなおいいが、これほどのものがあってこそじつに花ショウブ国に恥じぬ花ショウブ園である。外国人が見にきてもまずこのくらいの広さがあれば花ショウブの本国としてそう赤面するにもおよぶまい。なんでもアメリカでは自国産の品でないにかかわらず、あえて花菖蒲会というようなものが設立せられているように聞いている。がこれはわが花ショウブが他に抜きん出て特にりっぱなものたることに太鼓判を捺したと同じことだ。数年前その会の人がわざわざ日本を訪れたことがあったが、日本でもそれに刺戟せられ同じく花ショウブについてなにか会ができたように聞いている。しかしそれがその後どうなったか会員でない私はよくその消息を知らない。どうも日本人はわーっと言って会は建ててはみるが、その後がすーっと消えるようにいつとなくその存在がわからなくなる癖があるらしい。まあちょっと流星みたいなものだ。

私は上の一里四方か二里四方かぐらいの花ショウブ園を東京、横浜間の蒲田あたりへ設けてみたい。そうすると汽車からも電車からも見られ、その園の存在が世間一般に強く知れわたる利益がある。蒲田には以前一つの花ショウブ園があったようだが、これは小規模のもので問題にはならない。このへんなれば、都会近くの便利な土地でもあればその園を経営するにもいろいろ便宜があると思う。この園がなり立っていくようにするにはしたがって経費もかかることゆえそれはその道の人に支配させ、花菖蒲遊覧園として万端の設備を整うればいい。一方には遺伝学に明るい今井さんみたような人を招聘して年々新花を作り出し、これを広く世界に供給し、ますますわが花ショウブを発揮させれば日本花ショウブの名声いやが上にも高まり、地球上を風靡するにいたるであろう。そこまで行かねば面白くないね。

荒川堤の桜の名所

東京の北郊荒川の堤にはたくさんの桜の樹が植わっておって、今日では里桜の唯一の名所となっている。この桜が近来年を追って漸次に弱っていって樹勢が悪くなり、中には枯れるものもあればまた枝の死するものなどあって、これを幾年もの前にくらぶればその品種もだいぶ減って今日ではそれが四十種ばかりになったということである。前には七、八十種もあったものが今日ではほとんどそれが半減している有様である。先年根本莞爾君と私とがそれを採集して当時の東京帝室博物館天産部へその標本を採り入れたときは、今からずっと約十年ほども前のことであったが、そのときにはなお五十余の品種があった。それが十年ほどの後には早くもその二割の種類を失うたのである。近年東京附近のひらけ方はじつに非常なもので、ことにかの大震災後は急速な勢いで旧観を破り、新たに発展しゆく勢いはスサマジイものである。この荒川の堤の上は、同方面ではまことに重要な岐路に当たっているものであるから、民衆はもちろんのこと近来大いにその数を増した自動車ならびに貨物自動車がこの堤上を馳するものがいちじるしく増えてきて、したがってその路面を踏み固め、ひき固めかつゆるがし、加うるに二六時中四方の工場の煙突より吐き出ずる煙のために、その枝幹は黒く塗抹せられその葉面は黒煤をかぶり、ためにその桜樹の生気がたえず害せらるるので樹は年々に弱りゆき、ついにこの憐れな結果を招来したものである。

それなればその堤上の頻繁な往来を停止しその来襲する黒煙を止むることができるかというに、それはトテモできない相談で、この国家経済上からの進展大勢はどうしてこれを止むることができざるばかりでなく、またこれを制限することもできはしない。この経済発展の見地から打算すれば、今よりはいっそう堤上の往来も繁くし、自動車も貨物自動車ももっともっとさかんに通ってもらわねばならぬ。また工場の煙突からも、もっともっと黒煙を吐いてもらわねばならぬ。元来この地帯はもとよりこんなめぐり合わせに向かわされる宿命の場所であって、それを知らずそこへ桜の名所を作ったのは今から言えば当時の人の不覚であったが、一寸先は闇の夜の人間だからそれはまあー仕方のないことさ。

この堤上の桜にとっては地を固められ、揺るがせられ煙に巻かれるはそれは御難なことであろうから、こんな受難地にいつまでも居すわらなければならんということはない。また荒川堤の名所としていつまでもこれをここに止めておかねばならんということもない。また単なる一時の行楽地としてがんばって、それでこの文化のために発展する往来または噴煙を抑圧すべきでもない。この所は今日の有様では、一方を善くしようとすれば必ずや一方を抑制せねばならぬ状態に置かれており、この両立すべからざる反対の事相に対してなんとかそれを裁かねばならぬ場合に直面している。当局の人々はそもそもそれをどうしようというのであろうか。これは人間と樹とに対する両方の軽重を考え、それに基づいてこれを処分すべきが至当であると考えられる。

私の考えでは今日これに多少の費用を投じ、多少の補植をしてみたところでそれはムダなことであり、それは姑息な方法であると思う。今の東京府庁の方々、または天然記念物会の方々は、これに所するにまに合わせの方法をとられんとしておらるるようだが、それはとりもなおさず梅毒患者の吹き出ものに一時絆創膏を貼っておくようなもので、ついには今にその第三期が来てやがては全滅の悲哀を味わうであろう。右の方々にはひとかどの識者もあるのに、なぜにそんな必然の結果にお気が付かれんであろうか、脇から見てもハラハラする。

私は永遠に前途を見つめた見地から英断をもって、この荒川堤の桜を他の安全地帯に移し、そこに第二の大なる永久の名所を作ることを慫慂する。桜の名所はなにも荒川堤でなくてもよい。東京の近郊なら西でも東でも北でも南でも、桜に適した往来の便利なまた永久に他からの迫害（水害や煙などの）のない好適所へその行楽の場所を新設すればよい。世の中は永いからたとえ今嫩き苗木を植えたとすれば、そのうちにはそれが生長して花を着けるようになる。そしてわれらの子の代、孫の代にはじつにみごとな桜の名所となって、花下で楽しむことができるであろう。なにも自分自身がそれを見ようとするような近視眼的な慾心を出すにもおよぶまい。世の中のことは万事このくらいに遠大に考えてやるべきものだ。東京はなにもわれと生命を同じうしていっしょに亡びるものではない。われは今の間に死んでいっても、東京は依然として後に残り、永久に向こうてますます繁栄する。われわれの子孫はここに繁殖して年々に花見をする。それが世の中である。後の世のことを思ってやるのも今の世の人の情けじゃないか。

今の場合、荒川の堤の桜はまず現状のままのなり行きに任せておいて、一方新名所を作るに努力すべきである。この堤にある桜の大なる樹は、その生活状態から考えてもその費用から見てもこれは他に移すことができないから、それはそのままにしておき、この樹を母として接木などしてその子孫を多数にこしらえ、これを新名所へ植うればその品種を失うこともなくしてすむわけで、桜を愛する人々はそのくらいの面倒は不断に見ねばなるまい。ただ口さきばかりを働かしたとてとても徹底的な仕事はできるものではない。

荒川堤の一つの名所がつぶれたとてそれがなんだい。それにまさる大いなるいい名所がこれに代わりてできればここに未練はないや。荒川堤に言わすれば、こんな桜なんてケチな奴はいりゃあしないや、春一時浮かれた人が来てくれたって、ちっともありがたくないや、それよりもこの辺一帯は国家の経済をたすける工業地になってこの堤上は自動車や貨物自動車の往来が頻繁をきわむる枢要な道路になりたいと。今日この堤の桜を云々する人たちは、時世にかんがみ、もうちっと活眼を開いてもれーてーね。

一年中わずかに一度、ほんの花どき一時の浮きたる行楽のために、国家の発展する経済上の趨勢をさし止めるなんてそんなことはできやしない。行楽が重きか、経済発展が軽きか、三歳の童子でも判断が付かー。

そこでいよいよ新たに名所を作るとすれば、土質桜に適し、かつ永久になにものかからの脅威もなく、その四周が景致に富み、いずれから行くにも便利な土地を選び、その地域をきわめて広大にし、これにわが邦にある全部の桜の種類を集め植えることである。その桜の各種少なくも百本くらいは必ず同種のものの苗木を用意して適所に植え、その中でもヤマザクラ、ソメイヨシノなどは数万本も用意し、またヒガンザクラ、エドヒガン、シダレザクラなどは数百本あるいは数千本用意してこれを植うるようにする。このように大規模にしてこそその場所が桜の名所となって永久にのこり、また日本はおろか西洋諸国へまでもうたわれるようになるのだ。桜の国などと自慢するには自慢するだけの用意があってしかるべきであるのに、今日のような貧弱さではなんともかともしようがない。費用がいるって、真剣にやる気ならそれはなんとかなるよ。

桜の種類を集めるには日本国中のすみずみまでもあさることだ。そして既知の種類も隠れた種類もみな拉し来たって右の一大桜の名所へ植え、ここへ行けばどんな桜でも見ることができるようにする。このようにして初めて意義深い桜の名所すなわち桜の国に恥じぬふさわしい名所が生まれるのだ。やるくらいならこのくらい勢いよく大胆にやらねばだめである。

［補］ 里ザクラの大部分はかの大島ザクラをもととして発展し来たったことは、今から十余年

も前に私の初めて考定した事実である。私はその証拠となるべき原樹を相模の真鶴で発見している。いずれそのうちにその図説を発表せんことを期している。里ザクラの中にはまた、ヤマザクラ、オオヤマザクラ、ケヤマザクラから来た種類もある。しかしその親子の関係を詳細にかつ科学的に調べた学者は今日まだ世界に一人もない。つまり里ザクラの研究は現在なおすこぶる幼稚な域を脱していない。

シーボルトは植物の大学者か

フイリップ・フランツ・フォン・シーボルト Philipp Franz von Siebold 氏はドイツ国バヴァリアのウルツブルヒの人で、西暦一七九六年二月十七日に生まれ同一八六六年十月十八日に同市で死去した。同氏はオランダの医官となってわが邦に来たった人で、わが邦の文物を西洋に紹介せしことについて、まことに大功のある有名な学者であることはつとに世人の熟知するところである。しかるに世間では、氏をたいへんな植物学者のように誤解しておる人が少なくない。これは主として、かの同氏とツツカリニー J. G. Zuccarini 氏と合著となっている、「フロラ・ヤポニカ」Flora Japonica なる『日本植物志』の大なる書物があるからである。しかしこの書物は、ただシーボルト氏がその材料をわが日本にあつめてこれを欧洲に廻し、その命名記載の植物学的の仕事は、もっぱら同著者となっているツツカリニー氏がかの土においてなしたるにすぎないので、これを全然シーボルト氏が仕事をしたように思っているのは、それは世人がその仕事をした真相を知らないからである。医学博士呉秀三氏の著わせる『シーボルト』と題せる書（明治二十九年一月発行）に、「シーボルトが日本植物に関する著述中ツツカリニー氏との合著なる『日本植物』（編者曰く即ち Flora Japonica）

を最とし当時の植物学上の一大著述にして我邦に産する植物を検査して数多の新種を発見し之に羅丁名を附し之が解剖上の特徴を記し精緻なる図画を加へて出版したるものなり。されば今日に至るまで本邦普通の植物にしてシーボルト、ツッカリニー二氏の命名記号 Sieb. et Zucc. を学名（羅丁名）の末に附するもの多く又後人がシーボルトを敬慕するが為に Sieboldii, Sieboldiana, Sieboldianum 等の種名を附せし植物少なからず。蓋しシーボルト已前にケンペル、トウーンベルグ諸氏の日本植物を研究したるものあれどもシーボルトに至りて益多く其種類を攷定したり。其よりの後ミツクエル氏の如きフランシエサバチエーの両氏の如き近年に至りてはマキシモウイク氏の如き人々大に我邦の植物の検究に力を尽したりと雖どもシーボルトが数十年の前に既に数多の種類を考定したるの功甚多しとするに足れり」と記して、シーボルト氏が大いに植物の命名考定等につき自ら仕事したように書いてあれども、事実は決してそうではない。すなわち前に既に述べたように、当時主としてその植物検定の労をとりしはツッカリニー氏であって、シーボルト氏はもっぱらその材料供給者の位置に立っておったのである。たとえ植物名の終りの命名者が Sieb. et Zucc. すなわちシーボルトならびにツッカリニーとなっておっても、ここのシーボルトはただ名誉に与えられたものにすぎない。それはちょうど Franch. et Sav.（フランシェならびにサヴァチェ）のサヴァチェ氏の名が、名誉のためにフランシェ氏とともに併記せられてあると同格である。

シーボルト氏がはじめてわが日本へ来日したのは、今より九十五年前の文政六年（西暦一八二三年）

であった。同九年に氏は江戸に来た。この時彼の齢はなお若くてちょうど三十一歳であった。この江戸へ来た時に、江戸で有志の士が盆栽にした植物ならびに鉱物虫類等を陳列して、これをシーボルト氏にみせ親しく鑑定をして貰ったことがある。この鑑定書（洋紙へ欧字で書いた）の和字に書き代えたものを、かの『本草図譜』の著者なる灌園岩崎常正が臨写しておいたものがこの下に掲げた鑑定記事である。これを見ると、当時同氏のわが邦植物に対する知識はまことに浅薄であったことがに看取せらるる。しかしそれは同氏にとっては尤もの次第ともいえる。これは誰でも西洋から一足飛びに千万里を隔てた東洋の別天地に来て、この異境の草木に対すれば恐らくみなこのごとくであろうと思う。それはそれとして、同氏はその後幾年わが邦に逗まりしにより、無論わが邦植物に対する知識が歳月の進むに従い次第に増進していったには相違ないと思うが、しかしかの『日本植物志』の大著は前述のごとく、自分で植物学的の仕事をしたのではなく、それは主としてツツカリニー氏が担当したものであるから、ただ漫然とこの書に基づきシーボルト氏を非常な植物学者のように思うのはもとより誤りである。またシーボルト氏自身で著わした日本植物の小冊子があるが、これで見ても同氏のわが邦植物に対する知識は決して深奥なものではなく、むしろ浅薄なものである。

シーボルト画像

上野の国立博物館に「二十四歳のシーボルト画像」が蔵されている。この肖像画は、彩色を施した全身画で、文政九年（一〇二六）に東都に来たったときの二十四歳の若いシーボルトの写生肖像画で、これは「本草図譜」の著者、灌園岩崎常正の描いたものである。

理学博士白井光太郎君の著「日本博物学年表」の口絵にこのシーボルトの肖像画がのっている。この書物には、この肖像画の上半身だけが掲げてある。

この「シーボルトの肖像画」はもと私の所有であった。この肖像画を岩崎家遺族から、本郷の一書肆にでたものを私が買いとったものである。今から、ずっと以前の明治三十五、六年の時分でもあったろう。

私は、白井君がこのようなものを蒐集する嗜好癖を思いやって、この肖像画を同君に進呈した。このとき、私は、このほか、灌園の筆で美濃半紙へ着色で描いた小金井桜の景色画、二、三枚をもあわせて白井君に進呈しておいたが、それらの画は今どこへ行っているのだろう。

また、小野蘭山自筆の掛軸一個も、私は気前よく白井君に進呈しておいた。それには、蘭山先生得意の七言絶句詩が揮毫せられてあったが、今はその全文を忘れた。なんでも、山漆、鶴蝨のことが詠じてあった。

この掛軸は、私の郷里土佐、佐川町の医家山崎氏の旧蔵品で、私は前にこれを同家から購求したものであった。同時に、同家所蔵の若水本「本草綱目」もまたこれを買い求めた。これは今も私の宅にある。この山崎家の今の主人は医学博士山崎正薫《まさただ》氏であったが、今は既に故人となった。

小野蘭山の髑髏

小野蘭山の髑髏の写真がある。これは珍中の珍で、容易に見ることのできないものである。今はへだたる一五〇年ほど前の文化七年に物故したこの偉人の髑髏を拝することを得たことは、私にとってこの上もない幸運であるといえる。先生の幾多貴重な名著、ことに白眉の「本草綱目啓蒙」四十八巻のような、有益な書物は、生前この髑髏の頭蓋骨内に宿った非凡な頭脳からほとばしり出た能力の結晶であることを想えば、今ここにこの影像に対して、うたた敬虔の念が油然として湧き出ずるのを禁じ得ない。

私においてはもとよりであるが、だれしも想いは同じであろう。

蘭山先生は、もと京都の人で、名を職博《もとひろ》ととなえ、俗称を記内といった。そして、わが国本草学中興の明星であり、四方の学徒その学風を望んでみな先生を宗とし、あたかも北辰その所にいて衆星これに向かうがごとくに、その教えに浴したものである。

二十五歳のときから、自邸において弟子をあつめ、本草学を講義していて、あえて官途にはつかなかった。先生は、若いときから読書が好きで、松岡恕菴の門に学び、本草の学を受けた。非常に物覚えのよい人で、一度見聞したことは終生忘れなかった。

七十一歳に達したとき、幕府に召されて、東都江戸に来たり、医官に列して、本草学と医学とを医学館で講義した。そしてときに触れては、諸国へ採薬旅行をこころみた。

先生の書斎、衆芳軒はまるで雑品室のようで室内には、書籍や参考資料や、研究材料がいやというほど一杯に満ちて足のふみ場もなく、先生はわずかに、その間に体をいれて坐り、机に向かってあるいは書を読み、あるいはそれを筆写し、または抄録し、また実物を研鑽せられた。その間、気が向けば笛を吹き、興が湧けば、詩をも賦せられた。

シーボルトは先生を日本のリンネだと称讃した。先生は、元来、近眼であったが、眼鏡は掛けなかった。そして燈下で字を写すにも平気で筆を運ばせ、また草木の写生図もよくした。松岡恕菴の「蘭品」ならびに、島田充房の「花彙」に先生の描かれたみごとな図がある。

先生は、享保十四年八月二十一日に京都の桜木町で生まれたが、文化七年、正月二十七日に八十二歳の高齢に達して、東都医学館の官舎で病歿し、浅草田島町の誓願寺に葬られて、墓碑が建った。

この偉人の墳塋は、誓願寺にあったのだが、その後昭和四年に練馬南町の迎接院（浄土宗）に改葬せられた。そして改葬の際、先生の髑髏が、その後裔によって親しく撮影せられた。私は、同遺族小野家主人の好意でその写真を秘蔵する光栄に浴し得たのである。

植物を研究する人のために

植物研究の第一歩

植物研究の第一歩は、その名称をしらべることである。それがためにはまずさかんに採集するがよい。採集したものはなるべくりっぱな標品につくる。こうして精細に形態上の観察を行ないかつそれを記録するようにするがよい。なお参考書などによって調査する。このごろは数多くの植物書ができているから、熱心に懇切にしらべるならば名称をおぼえるぐらいのことはあまり困難ではない。

しかしそれでもわからなかったら、大学とか博物館とかをわずらわしてしらべるがよい。植物同好会のような実地の研究会にはなるべく数多く出席することを希望する。

形態の観察と用途の調査

こうして名称がわかったら、形態上の観察をなるべく綿密に行ない、それからなお進んではその用途につきいろいろの方面にわたってしらべるがよい。かくすることにより、その植物に対する興味は油然として起こるものである。ことにまたそれが大学方面に関連して考察が進められるようになったら、必ずやなおいっそう趣味が深まってゆき、研究がきわめて面白くなると思う。

植物研究の真髄

植物の学問は、口舌や文字の学問でなく、徹頭徹尾実地の学問である。実地につき、実物について研究するところに植物学研究の真髄が存在する。地理を教える人の中にはロンドンを知らずしてロンドンを授け、鹿児島の地を踏まないで鹿児島の地理を説くものがある。そんなことではどうして生きた地理教授、力のある地理教育が行なわれるものぞ。

教育は教師の実力が根本であって、教授術のごときは末の末である。もし私をして文部大臣たらしむるならば、学校教師の実力の向上を第一に訓令する。知識を豊富にすることがきわめて肝要である。いたずらに教育法や教授術を説くものは、大砲を造ることにきゅうきゅうとして砲弾の用意を忘れたものにひとしい。いかに名砲を備えたといっても砲弾がなくては単なる装飾物にすぎない。

実力養成の方法

されどそのように実力を養成し、知識を豊富にすることは現在のままではとうてい望まれない。ときに触れ、おりを求めて実地の研究を進めるとともに、良書を熟読する必要がある。しかしこの頃のように図書が高価では個人で購読することはなかなか容易でない。学校長は予算を善用して学校へ良書の購入を適当に行なうがよく、また父兄からもなるべく図書を学校へ献納してもらうようにするがよい。

だれかやってみないか

わが邦に植物の畸形学（Teratology）の学者がひとりもないのは、単にもの足りないばかりでなく斯学進歩の上から見ても、はなはだ遺憾のいたりに堪えない。この学はすこぶる趣味に富んだもので、かつ植物学の種々の方面へ対してもきわめて必要欠くべからざる一学科であることは、少しでも植物学を学んだ人はだれもが知っているところであろうが、それにもかかわらず、われこそはこれを研究してその方面の旗頭すなわち専門家になってやろうという者が、わが日本にひとりもないのはじつに不思議千万である。私はわが邦植物学の発展のために、だれかにこれを専攻せんことを勧めてみたいと以前からそう思っておった。

この方面の事柄を研究する人は、いたずらに机に対して坐ってばかりおりあまり野外に出向かぬ者では、とてもその選にあたらない。こんな人ならばその学へ対して確かに不向きな生まれである。断えず外へも出て、足に任せて山となく野となく跋渉踏破し、博く深くかつ綿密に種々草木の実物に当たり、また眼力の鋭いことも人並みでなく、すぐその的物を見付け得る資格ある者でなくてはならない。また推理に富んだ脳力も必要なので、さらさらとこれを片付けて行く敏活の働きがなければならぬ。とにかく万事をさっさとやって行ける人でなければ、大なる成功をもたらさない結果におわるのであろう。それからまた身体の健康も必要条件の一つで、それでなければ山野を飛び廻ることも、また気をつめて研究することもできないはずである。また歳が春秋に富んでおらねばならぬことも、これまた必要な条件である。

この畸形学はその領分に入って見たならば、とても面白いことではないかと思うばかりでなく、これまでまだだれもわが日本でやっていないから、なおさらそこに意義と面白みとがある。一日でも早くそこに着眼してそれに従事すれば、わが日本において確かにその方面でのいの一番の専門家になれるはずだ。だれか一番ふんどし（おっと、御婦人なればゆもじか）をしめてかかるお方はないかな。私はわが日本の植物学のためにひとえにそれを切望する。

植物学訳語の二、三

植物学

Botany を植物学と訳したのは、Chemistry を化学（支那の書に『格物入門』と題するものがあるがけだしこの書が同国で化学の訳語を用いた初めではないかと思う。次には『化学初階』であろう）と訳したと同じように支那人であって、日本人ではなかった。

はじめて植物学の語の見えている書物は、今から八十年前の咸豊七年（1857）清の代に『植物学』と題して開版せられたもので、これが植物学という訳語を作って用いた最初である。この『植物学』の書については昭和十二年五月発行の『図書館雑誌』第三十一年第五号に書いておいたので、幸いにごらん下さればその書の委曲が判然する。

これに反してわが日本人はこの Botany をなんと訳したかというと、それは植学であった。これは宇田川榕菴がはじめてかく訳したもので、今から百二年前の天保六年（1835）に発行になった彼の著『植学啓原』がこの訳名を公にした初めである。（この『植物啓原』の書は天保四年に序文ができ、翌五年に彫刻ができ、またその翌六年に発行になったものである）。榕菴はその書中に「弁物之学。別《テ》レ之《ヲ》曰《ヒ》二植学《ト》一。曰《ニ》一動学《ト》一（牧野いう、今の動物学）。曰《フ》二山物之学《ト》一（牧野いう、今の鉱物学）。」ともまた「其学《ヲ》曰二浡太尼加《ボタニカト》一。此《ニ》訳《ス》二植学《ト》一。」とも書いている。

このように宇田川榕菴が天保年間に植学なる訳語を公にしたものだから、その後安政三年に発行になった飯沼慾斎の『草木図説』の序文中にも「夫植学者窮理之一端也弁物者植学之門墻也」と記して植学なる訳字を使用し、その後明治十年前頃までに発行になった植物学の訳書には、通常植学の語が書名に用いられている。すなわち、文部省で発行せられた明治七年の『植学訳筌』、同年（あるいは明治八年となっているものもある）の『植学浅解』、また同年の『植学略解』のごとき、また明治十二年大阪で出版せられた松本駒次郎抄訳の『植学啓蒙』のごときがこれである。また明治七年に発行になった伊藤圭介の『日本植物図説』初編の序文中にも「植学ニ名著アル云々」と書き、また文部省で発行したチャンバーの『百科全書』中、明治七年片山淳吉、中村寛栗同訳の『植物生理学』総論中にも「ボタニーハ植物ノ義ニシテ」と記し、また同じく明治十二年長谷川泰訳の『植物綱目』にも「植学トハ植物世界ヲ講究スルノ学ナリ」と出で、また明治十二年に大阪で刊行せられた永田方正の『由氏植物書』緒言中にも「此書ハユーマン氏ノ原著ニシテ原名ヲセコンド、ブック、ヲフ、ボタニー（植学第二書）ト称シ云々」と書いている。

明治十年前後からしだいにこの植学の字がすたれてそれを使わなくなり、これに代わってさきに支那からわが邦に渡来した『植物学』の書（たぶんわが万延、文久、元治年間に渡ったものであろう）の植物学が使われるようになり、東京大学方面などでもみな植物学の語を用いて今日にいたっているが、また世間一般でもこの語を使い今では植学の語はあまりだれも知らないオブソレート・ワードとなってしまった。

また明治十年前後には、不用意にも支那の本草の文字を植物学の場合に用いていたことがあった。これは主として博物局の学者がそうであった。すなわち前に記した文部省発行の『植学浅解』の緒言中に「因て今国字を以て英人リンドレー氏の学校本草（牧野いう、Lindley の著 School Botany である）を訳し旁ら他の本草書を参考して」と書き、また「植学は之を五等に別つ一をストリクチュラル、ボタニーと云ふ弁物本草と訳す、二をフィシヲロジカル、ボタニーと云ふ生理本草と訳す、三をシステマチカル、ボタニーと云ふ分科本草と訳す、四をジヲグラフィカル、ボタニーと云ふ地理本草と訳す、五をフヲッシイル、ボタニーと云ふ前世界本草と訳す」と記している。元来本草と植物学とは全然別途のものであるから、植物学を指して本草学というのは最もよろしくない。今日でもなおときすると、時世おくれの人達は植物学とか本草学とかを同様に思っている者がないでもない。

どんなことでも初期のうちには種々と混雑を招くことは数の免れぬものである。Botany の訳語も、上に述べたように不定なる動揺時代があって、それから一定した静止時代に移ったものである。そして今日では植物学の語が一串《いっかん》している。久しく静止していた休火山的の化学の語が、今日多少活火山的な動揺を呈しているように見ゆるが、これもそのうち適当などこかに落ち着くことであろう。

胚珠

今日のわが植物学界では、花にある子房の中の Ovule を胚珠とよんでだれも疑わずにいるが、元来これは明らかな誤認である。

今その誤認であるゆえんを明らかにするには、まず胚珠の語の生まれ出てきた歴史を言ってみなければならないが、これもまたもとは支那人の作った訳語で、それは前に書いた咸豊七年発刊のかの『植物学』に初めて出ている。

しかれば胚珠はなんの訳語であったかというと、それは決して今日日本人が用いているような Ovule に対しての訳語ではなかった。そしてじつはその Ovule の中心体をなしている Nucellus（今の人はこれを珠心といっているが、すなわちこの珠心が真の胚珠である）の訳語であったのである。そしてその Ovule は、同書ではそれが卵と訳せられていてその文章は次のとおりである（もとの漢文を仮名まじりに書いた）。

卵〔牧野いう、Ovule のこと〕は胎座内に在て後に種子と成る、卵は大率子房の中に居す……卵に胞〔牧野いう、膜皮のこと〕あり或いは一層或いは二層、卵内に胚珠一点あり、即ち異日果中の胚あり。

今了解しやすいように図をもって示せば左のごとくである。

このようにその事実が最も明瞭なるにかかわらず、わが邦人はどうしてこれを間違えOvuleを胚珠としたのかというと、これは明治七年頃に当時の博物局の学者がなしたことがきわめて不徹底であったからである。つまり事実をとり違えたのである。その結果Ovuleを胚珠となして、これを明治七年に文部省で発行した『植学訳筌』で公にしたのでそれでそうなってしまったのである。そしてそれをそうした学者は当時同局に勤務していた小野職愨《もとよし》氏であって、ひっきょう同氏の学力が足らずその真相がよく呑み込めなかったので、そこでその辺の事実をとり間違えたのである。それから後その誤りと知らず覚らずに、受けつぎ受けつぎしているものが今日一般の学者なのである。

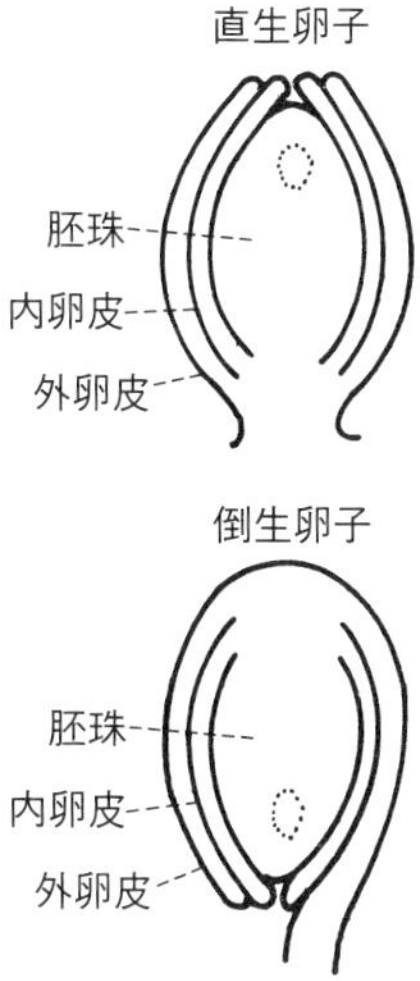

私は従来幾回となくその真相を明らかにして一般の学者に注意を促したが、どうも一たび膏肓に入った病はちょうどモヒ患者のごとくなかなか癒りそうもなく、私はその誤りを去り、正につく勇気の欠乏をなさけなく感じているしだいだ。

されば この問題をどう整理したらいいかというと、それは次のようにすればその原意を損わぬ最も正しい名称となる。すなわち

Ovule　卵子　（胚珠は誤称）
Nucellus　胚珠　（今日珠心というもの）

卵子の語は Oospore の場合に用いられていることがあるが、これは前々からの訳語ではないからこれを取消し、それを卵胞子とすればよろしい。これは卵子よりはずっとよい訳語である。

科

植物学上でもまた、動物学上でも科の字は今日ふつうに使用し、だれでもよくこれを知っている。すなわち植物学では、以前には、例えば Order *Magnoliaceae* というような場合の Order に適用したが、今日では一般にそれと同位の Family が用いられている。しかしこの科の字をどうしてこの Family に対して使用するようになったかのいきさつを知っている者は、動物学にたずさわる人々、また植物学にたずさわる人々の中でも割合に少ないではないかと想われる。

　この科の字は「植物学」の訳字と同様わが日本人の案出した字ではなく、これもまた支那人が Family に当てはめた字面である。すなわちその出典は右の「植物学」ならびに前に書いた「胚珠」と同様、かの漢訳の『植物学』の書なのである。

同書の巻の八は分類学の部であるが、この書では分類を分科といっている。すなわちClassification の訳字であろう。

さて、この分科のところにいくつもの科が解説してあるが今その科の名を挙げてみれば、

纖形科　石榴科　繡球科　菊科　唇形科　淡巴菰科
橄欖科〔牧野いう、オリーブ科の誤訳〕　実大功労科　薔薇科　梨科
梅科　豆科　肉桂科　紫薇科　胡椒科　大黄科
橘科　葡萄科　罌粟科　玉蘭科　蓮科　茶科
茘枝科　木繇科　十字科　瓜科　胡桃科　栗科
桑科　麻科　楊柳科　松柏科　水仙科　薑科
芭蕉科　五穀科　である。

わが日本では明治初年、当時博物局〔今の帝室博物館の前身〕の職員で斯学上きわめて重要な役割を務めていた田中芳男氏〔のち貴族院議員となり次いで男爵を授けられた〕が明治五年にド・カンドール氏の所説に基づき『垤甘度爾列《デカンドルレ》氏植物自然分科表』〔この表は明治八年に校訂せり〕を編成発行したときこの科の字を用いたが、それは上の『植物学』の書によったものである。しかしてこの田中氏の分科表は初めてわが日本で自然分科の科名を整頓大成しその基礎を据えたもので、今日現に用いつつある植物の科名はまったくこの表にのっとり、それが基準となっているのである。も

ちろん学術の進歩するにしたがい自然と科の分合が行なわれまた新科の創設などもあって、今日ではだいぶ改正修補せられてはいれど、元来は右の分科表がその根底をなしているのである。

この分科表の科を代表する植物名にはみな漢名（支那名）があてられていて、毛茛科、木天蓼科、木蘭科、蕃茘枝科、防已科などとなっているが、その間漢名の見つからぬものは水松葉科、松膚科、瓜樹科、蟻塔科、蔓菜科、岩菜科、花葱科などのように和名を漢字で書き、また洋名を用うる場合には列設多科、加々阿科と書いてその体制を一様にしてある。当時はなお植物に対して漢名のとうとばれし時代であったので、旧来の慣例によりかく漢名を用いたものである。これは当時にあっては、時宜に適した処置であったのであろう。そして世間にはだれもその不都合を鳴らす者はひとりもなく、学者はみな翕然《きゅうぜん》としてこれに従うたのである。

明治二十年頃にいたって「わが日本の植物はよろしく日本名すなわち和名をもって呼ぶべきもので、なんぞ他国の名をかるを要せんや。ゆえによろしく漢名使用の従来からの因襲を打破して日本名をもって日本植物を呼んで可なり。ましてや従来わが植物にあてられし漢名には、あたっていなきものすこぶる多ければかたがたそれを排斥すべし」と絶叫し、かつただちに実行したのが当時民間におった私であった。つまり革新の声をあげたのである。したがって私は和名も科名もともにこれをカナで書くことを決行実践したのであったが、そのときただ科の字のみはしばらくことさらにこれを存置した。それはどういうわけかとたずぬると、今日はまだわが邦は漢字カナ混用の時代でもあり、かつこの特異な意味をもつ科に対してきわめて適切な和語が見つからないのであったからだ。そしてなお科の字はこの場合なんとなく権威づけられた字面であるからでもあった。また従来から久しく人口に膾炙し来たって口に慣れているので、今ことさらにこれを改めなくてもあえてふつごうを感じないからでもあった。

そして私がこの意見を発表し、かつ実行したとき、さっそくこれに賛意を表せし公平な学者がふたりあった。すなわちひとりは理学博士の池野成一郎氏で、いまひとりは理学博士武田久吉氏であった。他はたいてい従来の因襲にとらわれて、便につき善に移ることを悟らなかった。中には善いと知ってもあいつの主唱だからムシが好かんと感情的に賛成しなかった人もあったであろう。大学の植物学教授松村任三博士はあまり私を歓迎していなかった人にもかかわらず、ついには私と同意見となって、大正五年六月八日に発行した同氏の著『改訂植物名彙』には私の主張と同じ書き方を実行している。つまり私の意見が勝利を占めたのである。それ以降今日ではだいぶカナ書き科名が普及し来たっている。かくカナで日本名を用うることはだれにも判りやすくかつ書きやすいので、今後はその式様を用うる人が必ずますます増えるであろうことを予言してはばからない。ことに隠花植物方面では植物に漢名のないものがふつうであるから、いきおいカナを用いるよりほか良策はないのである。それでもなお世間には漢名を用いし科名の残骸を抱いて喜んでいる人がチョイチョイあるようだが、こんな人たちはあまり自信のない時代おくれの輩であるといっても、あえて不都合なことはあるまい。

世が移ってもしも科の字を日本語にしなければならない場合に立ちいたったなら、私はこれをナカマ（仲間）としたいと考えている。そしてこの語は縁を持つものの集まりを表わしている科の意味と合致するものだと信ずる。タグイ（類）ではその限界があまり厳格に感じなく、またこの語はあまり通俗に用いすぎていて、どうも特用してある科の名としては適しない感があるので私は採らない。そしてもしもこれをローマ字で書く場合には、KiKu-no-Nakama, Tade-no-Nakama, Yanagi-no-Nakama, Mame-no-Nakama, Yuri-no-Nakama などと書けばよいのである。あるいは no を省いて端的に、Kiku-Nakama, Yanagi-Nakama というようにしてもそう悪くはないと思う。

蒴と蓇葖

蒴《サク》と蓇葖《コッツトツ》とはなかなかむつかしい文字を用いたものだが、これは果実分類上の術 語《テクニカルターム》である果実の種類に対する特名となっている。すなわち蒴は Capsule の訳語、蓇葖は Follicle の訳語である。今例をあげて言えば、アヤメ、ユリ、アサガオ、ムクゲなどの果実は蒴で、オダマキ、トリカブト、シャクヤクなどの果実は蓇葖である。蓇葖はその心皮（Carpels）が各独立しており、蒴はそれが連合しているの差がある。

これら果実の分類に、こんなふつうとは縁が遠くまったく活版植字者泣かせの字を用いた人は宇田川榕菴氏で、すなわち同氏の著で昭和十二年から百四年前の天保六年に発行になった『植学啓原』にそれがのせられている。

そもそも右の宇田川氏がどこの隅からこんな珍妙な字を引き出して来たかというと、それは支那の本の『救荒本草』がその倉庫であった。すなわち同書にいろいろの植物が解説してあるが、その中で草の実を叙するとき、往々これらの字を使っている。しかしその書ではなにも一定した果実をさしているのではなく、ただ漫然と乾質の実に用いてあるのみである。それを宇田川氏がその書物から抽出し来たって特にそれに定義をつけ、前に書いたように蒴をCapsule、蓇葖をFollicleに専用したものである。

『救荒本草』に書いてある一、二の例をあぐれば、例えば野西瓜苗の条下に「花罷作蒴」、油子苗の条下に「結四稜蒴児」、辣辣菜の条下に「結小匾蒴」、また牻牛児苗の条下に「結青蓇葖」、綿絲菜の条下に「攢生小蓇葖」のごときものである。

葇荑

これもなかなかむつかしい字音である。しかし上の葇はジュウとよむことはだれでも想像がつくが、下の荑は音はテイである。イの音もないではないが、ここはテイでなければならない。（これに類したことは、亀の字でカメのときは字音はキであれど、裂けるときはキンの字音でよばねばならぬ。ゆえに亀裂はキレツではなくキンレツである。）

さてこの荑は元来ツバナ（チガヤすなわち白茅の嫩い花穂である。チバナといぅのが本来の名ですなわち茅花の意である）のことである。葇はもとは柔らかな意味の柔で柔荑とつづき柔らかなツバナであって、この熟字はもとは詩経にある衛風中の碩人の章の、「手如柔荑」から出たものである。この柔荑を宇田川榕菴氏が詩経からとり出してきて、植物学に用いるといぅので柔の字の頭へ草冠を加えて葇（支那に葇の字はあれどここの葇とは無関係である）となし、その葇荑を花序の一つの Catkin、すなわち Amentum に用いたものである。じつ言えば柔荑ならざる葇荑の熟字は従来はなかったのである。

榕菴氏はこれをその著『植学啓原』で公にした。すなわち同書に「葇荑《エノコロ》又名《ケ》レ荑《ト》。西《ニ》名《ク》レ猫《カット》。以《テ》三其形如《キヲ》二猫尾《ノ》一也」と記してある。そしてこの葇荑なる花序を有するものはヤナギ、クリ、クルミ、ハンノキ、ハシバミ、シデ、ナラ、カシなどその好適例にかぞぅるを得べく、これらはみな雌穂雄穂あってその雄花穂を雄荑といい、その雌花穂を雌荑ととなえる。

葶

植物学は花茎の一種の Scape（葉を有せぬ花茎）を葶と称するが、今日の植物学者はあまりこの字を使わない現況である。しからばこれに代わるべき適切な語を使っているかと言うと、別にそうでもないようだ。これも宇田川榕菴が初めて彼の著『植学啓原』にその訳字として使用したものであって、「葶《タウ》《ハ》球根諸草《ノ》之茎也。亭々《トシテ》直《ス》上。而無レ葉。唯生《ズ》二花実《ヲ》一。云々」と出ている。

葶は元来は葶藶などと続けて草の名であって、茎の意味はもっていない。亭々は高く聳え立っている形容詞であるから、この亭の字を植物に対して用いたいというのでそこで榕菴先生一工夫をめぐらし、前に書いたかの茱式と同じく亭へ草冠をつけることを発明して葶となし、それを葉をつけずに高く直立している花茎すなわちスイセン、ネギ、ヒガンバナなどの Scape に用いたものである。

ちなみに言う、茎は元来コウ（漢音）キョウ（呉音）の字音しかないが、教育者らは多くはこの本音を知らずにつねにこれをケイと教えている。またついでに言うが、よく植物学にも用うる毛茸を往々モウジと発音して教えている人が少なくないが、これはモウジョウで茸にジの字音はない。そして毛茸は毛のことになってはいれど、元来この字に毛の意味はない。茸は茸々と続けて草がゾクゾクと生えている形容詞であって、それを毛がゾクゾクと生えているさまに見立てて、そこで毛茸の字が生まれたわけだ。また茸をキノコとして使用し、松茸、椎茸などと書いてあれど、これも元来茸にキノコの意味はない。キノコの中にはハハキタケ（ホーキタケ）一名ネズミタケ（またの名をネズタケ）のように叢生しているものがあるので、それで草の茸々と叢生する有様に見立てられ、そこでわが邦で茸がキノコというようになったにほかならないのである。

雄蘂と雌蘂

今日一般に用いている Stamen の訳語雄蘂と、Pistil の訳語雌蘂とはともに初め伊藤圭介氏（理学博士、男爵）が案出した字面で、これは今から百八年前の文政十二年に発行せられた同氏撰著の、『泰西本草名疏』付録で公にしたものである。宇田川榕菴氏の『植学啓原』ではこの雄蘂の通名を鬚蘂となし、漢訳の『植物学』では単に鬚といっている。雌蘂の方は『啓原』ではその通称を心蘂となし、『植物学』では単に心と書いている。

Filament すなわち、雄蘂の茎を花絲というのもまた圭介氏創設の文字で、榕菴氏はこれを䋯と称している。䋯は字音カンで、これは絲の意味を表わしたものだ。葯の字を Anther に用いたのは榕菴氏の創意で、圭介氏はこれを絲頭と訳し、『植物学』では単に囊といい、くだって明治十一年発行の松原新之助氏纂述の『植物綱目撮要』、ならびに同氏講義の『薬用植物編』には花囊といい、同十四年刊行の丹波敬三、高橋秀松、柴田承桂三氏合著の『普通植物学』では紛囊と訳してある。元来葯は白芷という草の葉、もしくはある草の名であって、あえて Anther に当てはめるべき字ではないが、榕菴氏はどういうよりどころに基づいてこれをそれに用いたものか。

Pollen を花粉というのは伊藤圭介氏の創訳で、宇田川榕菴氏もこれを使用しているが、『植物学』

では単に粉と書いてあるにすぎない。

雌蘂の Style を花柱と訳したのは伊藤氏で、宇田川氏も同様であるが『植物学』では管といっている。Stigma の柱頭もまた伊藤氏の創訳で、宇田川氏もこれに従っているが『植物学』では単に口と訳している。

Ovule を子房となしそれが今一般の通称となっているが、これははじめ『植物学』に出ており支那人の訳語である。伊藤圭介氏はこれを実礎と書いているが、これは同氏の創作語であろう。そして宇田川氏はこれを卵巣といっている。

中肋

今日の植物学者は、通常葉面の中道をなす主脈、すなわち Midrib を中肋といっているが、これはすこぶるまずい言葉であるので、私は日常いまだかつてこんな語を使用したことがない。そしていつも中脈と書いている。そもそもこの中肋なる語を作った人はだれかとかえりみると、これは東京大学教授の矢田部良吉博士であって、すなわち明治十六年発行の同氏訳『植物通解』で公にせられたものである。元来 Rib は肋骨のことであるから、Midrib をそのまま中肋と訳しても別に悪いことはなけれども、ここは訳者は大いに気をきかさねばならぬところであった。なぜならば、元来肋骨というものは、背中の脊椎骨から分れて斜めに前方の胸部に向かい横出した狭長骨であって、これが一胸骨に集まってはいれどその胸骨は肋骨ではなく、つまり中肋骨というものがないからである。ゆえにこの場合はたとえ原語は Midrib であったとしても、もっと実際に即した訳し方をせねばならなかったはずであった。そこにいたって昔の宇田川榕菴氏はさすがにその点は徹底したもので、彼の著『植学啓原』にはそれが、「葉之大筋。謂《フ》二之中筋《ト》一。分《ツコト》レ枝《ヲ》略類《ス》二肋《アバラ》状《ニ》一。謂《フ》二之《ヲ》肋状筋《ト》一。」と叙してある。すなわち中央の Midrib を中筋と名づけ、その中筋より分出する Veins を肋状筋とよんでいる。そしてその中筋の場合に見当違いの肋の字は用いてない。その中筋は私のいう中脈で、その肋状筋は支脈である。

矢田部氏が中肋と訳名を提唱した以前、この Midrib がいろいろの学者によっていかに訳せられていたかを知るのも、いささか興味がないでもない。まず第一にこれを総管となしたのが、かの漢訳の『植物学』であった。次に明治七年版の伊藤謙氏訳の、『植学略解』には中央総管と記し、同年版の小野職愨《もとよし》氏訳の、『植学浅解』と『植学訳筌』とには上の『植物学』の総管を用い、明治十一年頃発行の松原新之助氏著『普通植物学総論』には幹管と称し、明治十四年版の丹波敬三、高橋秀松、柴田承桂三氏同訳の、『普通植物学』には中央葉脈と書いてある。

化石

植物学のうちにも Fossil Botany（＝Palaeontological Botany）というものがある。すなわち化石植物学である。このFossilの訳語なる化石は、今わが邦斯学界一般に用いられて一つの常套語となっているが、しかし過ぎしある時代にはこれを彊石《きようせき》とよんだことがあった。すなわちこの字面はもと支那人の製したもので、それはけだし同国で出版になった『地学浅釈』の書が初めてそれを公にしたものであると信ずる。この書は有名な英国の地質学者ライエル（雷俠児）氏の地質学書を漢訳したもので、全部三十八巻よりなりこれを八冊に合綴してある。書中に彊石の語がある。すなわちFossilの訳字である。

この彊は字書に死不朽とあって、死んだ後もなお朽腐せず遺存する意味で、通常かの蚕がある菌の為に死んで白くなったものを彊蚕というごとく、こんな場合に用いられてある字である。そして前述のとおり支那人はこの字をFossilに用いたのである。

右の『地学浅釈』の書はずっと以前に理学博士乙骨太郎乙氏が返り点を施し、活字版一冊としてわが邦で出版したことがあった。

Fossilに対しての化石の語はいつ頃できた字面であろうかとこれを詮索してみると、今から六十八年前の明治二年（1869）に発行になった『改正増補和訳英辞書』に初めてその字面を見出し得るから、たぶんその時代かあるいはその直前ごろにできたものであろうと考えられる（文久二年版の『英和対訳袖珍辞書』ならびに慶応二年、それの改正増補版にはともに見当たらない）。すなわちその辞書には「Fossil　掘出シタル，化石シタル　Fossiliferous　化石ノアル　Fossilization　化石スルコト　Fossilize　化石スル　Fossilogy　化石ノ論又学」とあり、そしてこの化石の語はだれが創製したものか、あるいは蘭学者の作ったものか、ただ今私にはその辺の消息がまったく不明であるが、しかしこれは決して支那人の作ったものではないと信ずる。それは支那の洋語対訳辞書の前々のものにはいっこうにその語が見当たらないからである。
Fossile の元来の意味は「地から掘り出す」ということである。今これを化石として使うときは「掘り出しもの」という名詞となる。これをその現意味に拘泥せずに、地から出た実物、それは生物の原形あるいはその印痕あるその実物に徴して、これに殭石あるいは化石の訳名を与えたわけだ。そこでその殭石と化石とは訳名としてどんな優劣があるかというと、私は化石よりは殭石の方がよいと思う。化石はその字面から言うとただ変化した石であるが、これに反して殭石の、もと生きていたものが死んでも依然としてその遺骸が保存せられているという意味を表わしていて、嚙んで味なき化石の語よりはずっと趣がある。しかるに世人はなぜこの語を採用せずに化石の語に執着しつつあるかと言うと、それは一つには殭の字の字画が多くて書くに面倒だからであろう。
さてこの項はおわったが、どうもその化石の訳語についてなんとなく思い切れず、なんとかしてその出生が知りたくとつおいつ考えているうちに、ふとわが少年時代に読んだ、川本幸民氏訳の『気海観瀾広義』の書中に動植卝（礦の古文）の三有が概説してあったことを思い出した。ついすると、そこにあるいは化石の字があるかもしれないと、すなわち久しぶりで書架よりその書を抽出し来たってこれを繙閲してみたところ、その巻の三にのっている三有中、卝類すなわち山物の条下に果して化石の語があって、疑いもなくFossilをさしているので、ハッしめたと思った。そしてそこに「動植ノ化石アルヲ見ザレバナリ」「有機体ノ化石ヲ含ム。貝。蠣殻等ノ化石モ亦コレアリ」「石炭亦コレニ属ス。蓋シ木ノ化石ナリ」の句が見られた。これによってこれを見るときは、この化石の語は、早くも今をへだたる八十六年前の嘉永四年（1853）にできたものであることが知られる。なんとならばこの嘉永四年は『気海観瀾広義』全十五巻（後刷りの本は五篇を五冊に合巻）のうち、初めの第一、二、三巻がはじめて新たに開版せられた年であるからである。すなわちこの化石の訳語は、Fossiel（Fossilのオランダ語）に対して右書（原本はオランダ書）の訳者川本幸民氏がはじめて案出した字面であろうと思う。

英国の学者、ウイリアム氏の原著に基づきこれを支那で漢訳した書に、『地理全志』と上篇下篇の十巻があって、安政六年にわが邦で翻刻している。今その下篇の巻の一には、書中に前世界の生物につき種々記述せられてはいれど、ひとり化石の語にいたってはついにそこにこれを見出すことができない。

（注・昭和十二年発表したもの）

貝割の甲拆はなんとよむか

植物学上では、種子から芽だった貝割葉の開くときに甲拆の字が用いられているが、元来これは『易』の「解卦」に「雷雨起而百果草木皆甲拆」とあるに基づいた熟語で、その「疏」に「皆子甲開拆莫不解散也」と解釈してある。そしてこの場合この拆の字の音は耻格切なる坼《タク》であってその意は裂也、開也と字典に出ている。そうすると甲拆はこれをコウタクというのが本当で、今日まで吾人が言っているコウセキでは間違っていることになる。ただし拆にセキという字音がないでもないが、それは撃つという場合にのみ限って用うる字音である。すなわちもしも拆裂という熟語があったら、それはセキレツではなくてタクレツである。甲拆の場合それをコウセキと言いたければその字面を甲析に変えなければならない。すなわち析は分かつの義だからその意味が通ぜんでもない。

化学上で使用する語のブンセキも、分拆と書けばブンタクとなってふつごうでAnalysisの意味にはならんから、ここはおとなしく分析（ブンセキ）と書くべきであって、世間でもこの字が使用せられている。しかし分拆（ブンタク）の字を用いて押しとおしてもその意味は通ぜんことはない。なんとならば拆の字には前にも書いたとおり裂の意味を持っているからである。

拍子木を打つときの撃析はゲキタクである。これは『易』の「下繫」に出ている語で、『説文』には楴榛とある。

要するに貝割の場合は甲拆《コウタク》が本当で、化学のAnalysisの場合は分析《ブンセキ》がほんとうである。この甲拆も分析もその熟語は支那の昔の学者が書いた古典語で、すなわち甲拆語の出典は前にも書いた『易』の「雷雨起而百果草木皆甲拆」から来たり、分析の語の出典は孔安国伝の「丁壮就功老弱分析」から出ている。

石坂堅壮口授の『博物新編記聞』巻の上に、種子から首を出した稚苗の貝割につき次のごとく書いてある。すなわち「甲孚《カフフ》　艸木ノ種子ノカユワレヲ云甲ハ孚析《フセキ》《カユワレ》〔牧野いう、析は木をやぶるとか、分かつとかの義〕シテ爪甲ノ如キヲ云孚之為《タル》レ言信也。其孚析スルコト信《マコト》アルガ如シ故ニ孚ト云」である。この甲孚はその『記聞』の原書なる『博物新編』〔牧野いう、支那でできた書物、わが邦にその翻刻本がある〕に用いてある語で、ひっきょう甲拆と同じ貝割に使ってある。

ついでに言うが、新聞や雑誌によく亀裂の語が見え、また話語にもそのことばが出てくるが、みなそれをキレツと言っている。それでいいのか。否、これはたいへんな間違いで、それはどうしてもキンレツと言わねばならない。そしてこの場合、すなわち亀裂の場合の亀は決してかの生物のカメの意ではなく、ヒビ、アカギレのした手を亀手と言うようにその傷口の裂け割れる意味であるから、それでキンの音であらねばならない。ただしカメのときは無論キである。

数年前の『東京日日新聞』紙上に、亀裂へ対し正しくキンレツの振り仮名がしてあったのを見て、私は同新聞社にも字を識っている人がいるなと思って嬉しかったが、こんなことはめったにないことだ。

茸の字は果してキノコか

茸の字をキノコ（ナバ、タケ、コケ、クサビラ）だとして書くことは古くからわが邦俗間の習慣となっているので、そこで寺島良安の『倭漢三才図会』にも松茸（松蕈とも書いてある）、初茸、蛇茸、湿地茸、脂湿地茸、革茸、猪茸、磨菰茸、渋紙茸、椎茸、粒椎茸、紅茸、栗茸と書いてある。しかし菌学者だといわれる人々が既に適正なキノコの本字である菌、蕈、耳、菰、芝栭などの正字あるいは成語があるにもかかわらず、ことさらにこの穏当かつ適切な本字をよそ目に瞥見し、キノコとして支那のいずれの字典にも載っていない字を特に常用するのはまったく見識がないようにも感ずる。そしてこれらの人々は茸の字をキノコに用うる正字だと信じているのであろうか。小野必大の『本朝食鑑』に「茸者菌也蕈也」として茸をキノコの場合に用いていれど、これは著者の私見で元来茸には菌の意味はない。狩谷棭斎は彼の『箋注倭名類聚鈔』において、「菌茸ノ茸ハ即チ俗ノ耳ノ字……後チ俗、艸ニ従ヒ茸ニ作リ以テ耳目ノ字ニ別ツ」漢文とかく述べている。そうすると茸はもと耳であって、後人がそれに草冠を加えて茸となし、そしてキノコとして用いたものだ。サスガに貝原益軒の『大和本草』、松岡玄達の『怡顔斎菌品』、同じく『食療正要』、坂本浩然の『菌譜』、小野蘭山の『本草綱目啓蒙』芝栭部などにはキノコに対してあえて茸の字は用いていない。しかしここにただ一つ例外があって、深江輔仁の『本草和名』によれば、支那の崔禹錫の『食経』に菌茸、禾茸、穀虵茸、皷茸、烏茸の名が出で、源順の『倭名類聚鈔』菜羹類のところに「菌茸　崔禹錫（牧野いう、『嘉祐本草』の著者である宋禹錫と同人か別人かいかん）食経《ニ》云菌茸食《ハ》レ之《ヲ》温有《リ》二小毒一状如《キ》二人《ノ》著《ルガ》レ笠《ヲ》者也」とありて茸の字が傘あるキノコの場合に用いてあるが、ひっきょうこれはこの人ひとりの私見であって、支那での字典には下に書いたとおりその字にキノコの意義は全然ない。ゆえにたとえただひとりのみがそう書いていても、私はあえてこれに盲従する必要を認めなく、茸の字を菌に対して用うることを一笑に付したい。そして笠をつけたごときキノコはいっこうに茸の字の意義とは合致せんではないか。しかし案ずるにこの『食経』の茸の字は、あるいは耳（崔禹錫のあげた菌の中には赤頸車耳がある）の字と同意味とみなして茸の字を書いたのかも知れんと思われんでもない（上記狩谷棭斎の所見とほぼ同じい）。なんとなれば支那では耳の字がよくキノコの場合に用いてあるからである。すなわち木耳、桑耳、槐耳、柳耳、楡耳、柘耳、ならびに楊櫨耳などがそれであって、これらは李東垣編輯、李時珍参訂の『食物本草』に出ている。そして昔朝鮮でできた書物の『東医宝鑑』にも、松耳（マツタケ）を「木茸中第一也」と書いて茸の字が一つ出ていれど、けだしこれは木耳とすべきところを偶然に木茸と書いたものであろう。

茸の字はその字音はジョウ（而容切）である。これは草の茸々たる貌であることが古くは厳然と『説文』にいで、また『玉篇』には「茸乱児《カタチ》又草生地」と出ている。すなわち草木がもじゃもじゃと乱れ生えている形容である。今この茸の字をもしもキノコに応用するとしたら、それはネズミタケのような菌が最もよく適合する。すなわちここに図示せるそのネズミタケに見るように、その状がまったく茸々たる姿を呈しているからである。しかるにマツタケ、シイタケなどのごとき蕈笠、すなわちカサのあるキノコにはこの茸の字は少しも適当しないことはだれが考えてもみな同じであろう。

ネズミタケ＝ネズミアシ
（日本産物志）

上の茸の字に基づいて毛茸なる熟語がある。それは毛がもじゃもじゃと生えていることである。ときに学校の先生がこの毛茸をモウジと発音していることを聞いたこと単に一再のみに止まらなかったが、これはまさしくモウジョウであってモウジではないから、こんな先生は自分の職責に対しても、もっとよく字を読む修業を積むべきだ。ついでにいうが、ときとすると花穂をカホと言う人があり、また書屋をショヤと言う人もあって、これを聞くといつもその人の文字を読む力の不足を憐れに思うが、これらはほんとうはカスイでありショオクであります。世間ではこんな読み方を昔から重箱読みとも湯桶《ゆとう》読みともいい、新聞の夕刊（正しくはセキカン）も同じく重箱読みである。またこの夕刊は朝刊《ちょうかん》と言うに対してはすべからくセキカンであらねばならず、夕刊《ゆうかん》と言うに対するなら朝刊《あさかん》と言わなければ正しくないはずだ。朝夕をアサユウあるいはチョウセキと言うのはほんとうだが、もしもこれをチョウユウあるいはアサセキと言ったらおかしいじゃないか。

鼠タケあるいは箒タケのようなキノコはちょうどもじゃもじゃと生えた草のようだから、そこでこれらのようなキノコに対して茸の字を借り用うるのはいいとして、後それがさらにキノコ全般に進展し、ついには笠を着た松茸、椎茸、初茸、湿地茸などと書くようになっている。けれども茸はもともとなにもこれらのようなキノコのために作られた文字ではないから、支那の字典にはこの茸の字をキノコであるとは書いてない。これによってこれを見れば、じつのところこの茸の字とキノコとは全然なんの関係もないのである。ゆえに支那の『呉蕈譜』のような書物で見ても絶えて茸の字をキノコに対しては使ってはいない。

菰の字を菌の場合に用いるのはどういう理由かとたずねてみると、菰は元来水草のコモすなわちマコモ（Zizania latifolia *Turcz.*）であるが、この字を菌として使うてあるのは李時珍の『本草綱目』

巻の十九、菰の条下に引用してある宋の蘇頌が説で明らかである。すなわち蘇頌が『図経本草』でいうには「爾雅に云く、出隧は蘧蔬なり、注に云う、菌草の中に生ず、状ち土菌に似たり、江東の人之れを啖う甜滑なりと、即ち此れなり、故に南方の人今に至て菌の謂て茸と為す亦此義に縁る」漢文とある。これで茸の字を菌に用いてある理由がよく解るであろう。

上にキノコにかんすることを書いたついでに、次の件をのべ幸いに識者の教えを乞いたいのは、すなわちその名の語原である。この図はアミガサタケ（*Morchella esculenta* Fr.）と同属でトガリアミガサタケ（M. conica *Pers.*）というものだと思うが、この菌にカナメゾツネの名がある。これは明治初年頃に東京山の手の四谷辺で呼んでいた俗名であると言われるが、その意味がさっぱり判らない。そして上の図に添えた解説は

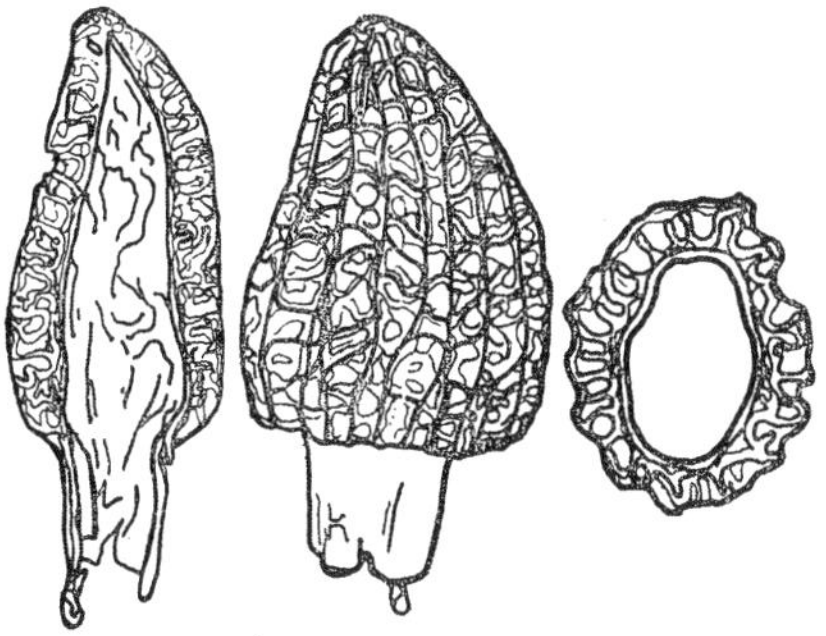
カナメゾツネ＝トガリアミガサタケ
（モルケラ、コニカ Morchella conica Pers.）

三月中の頃東京四谷坂町或人の庭中樅樹の切たる腐株上に多く生ぜし寄生菌にして其大小一様ならず傘茎共に接して傘形をなさず内空虚なり襇は灰色にして襞積多く茎は灰白色なり差玉蕈《シメジタケ》の香あり塩を抹し焼き食す味美なりと云。

である。

『益軒全集』の疎漏

明治四十三年に東京の隆文館で益軒会編纂の『益軒全集』が出版せられ、益軒貝原篤信先生の全著書がこれに収められ、同先生の書を読む人々にとってはすこぶる便利なこととなり、学界のためまた一般世間のためにまことに喜ばしいことであるが、私はこの『全集』に対して少々不満足を感ずる点があるからここにそれを述べてみる。

この『益軒全集』の巻の六に『大和本草』が収載せられてある。この『大和本草』（本書の題簽は初め『大和本草綱目』であった。後にはふつうに『大和本草』となったがたまには再び『大和本草綱目』としたものもある。しかし内題は初め『大倭本草』とあり次に『大和本草』となっている。こんなことは『益軒全集』には書いてない）は有名かつ有益な書でわが邦の植物を研究する人々は一度は必ず眼を通すべきたいせつな一典籍である。

この『大和本草』の文章はもと片カナまじりであるが、それを『全集』では平ガナまじりのものとした（なおその上よけいな句点までが施してある）。そこでそこここに不都合な点が生じたので、少なくも『全集』にある『大和本草』の植物名は信用のおけないものとなってしまった。

ゆえにこの『全集』で覚えし植物名にはすこぶる危険性を伴うておるといえる。今左にその例をあげる。上のが原本の方で下のが全集の方である。

ヲカカウホ子　をかかうほ子

ヲカカウホ子の子はカナである、今日では一般に、ネの字を用いるから編纂者はこれがカナとは気付かず子の字と思ったであろう。ゆえにをかかうほねとすべきものがをかかうほ子となって意味をなさぬことになっている。

黄莎《キスゲ》　黄莎《やすげ》

キスゲのキが後摺りの本では墨付きの悪いものが多いため、それでキをヤと見誤ってやすげとしたわけである。

海藻《ナノリン》《ホタハラ》　海藻《なのりそ》《ねたはら》

ホタハラのホをネと見誤った結果、これがねたはらとなったのである。『大和本草』にはねはいつも子で、今日のようにネの字を使ってないことは先刻ご承知のはずではないか。

菫菜《ノセリ》　葍菜《くせり》

ノセリのノを瞥見してクと見違いをして、それがくせりとなったであろう。またついでに言うが、菫菜の菫が原本で彫刻悪く変な字体になっているため判断を誤り、これを想像で葍菜としてしまっている。

檍《アハギ》《アヲキ》　檍《あはぎ》《あてき》

アヲキのヲを板木の磨滅ぐあいでテであると想像し、それであてきとなっている。もし、やはり片カナでアテキとなっておれば、その字面でたぶんアヲキの間違いであろうぐらいの想像がつくけれども、これがあてきとなっていてはなんとも考えようがない。

十姉妹《ハコネウツギ》《ヤマウツギ》　十姉妹《うつぎ》《たぎ》

ハコ子ウツギたるべきものを単にうつぎとなし、ヤマウツギとあるべきものをたぎとしてまことに不得要領な名になっている。これは名称の上の方の板木が磨滅している本をもととして、こんな不徹底な結果になったことがわかる。

上のような誤りがある。なおくわしく検閲したならばまだ他にもこんな例が見つかり、また文章の中にもこれに類した誤りがあろうと思う。

この『益軒全集』でその植物名を学ぶ人は、ナノリソの一名ホタハラをねたはらと覚え、アハギの一名アヲキをあてきと覚えるわけでその人を誤ることがはなはだしい。これは畢竟《ひっきょう》原本の片カナを、いらぬおせっかいをして平ガナにした報いであるとともに、また原本として刷りの鮮明なすなわち初刷りの善本を用いなかった結果である。原本が片カナなら後さらに印刷するときはやはりそのとおりにしていいわけで、なにもわざわざめんどうくさく平ガナにしなくてもよい。近頃の人はただなにもかも平ガナに書きたがる癖があって、それでついにこんな失態をしでかしている。片カナをわざわざ平ガナに直すのだから、多くの労力もいれば注意もいる。そんなことをしてまでも原本と違えさす必要は少しもない。こんないらぬお世話を焼くからそれで間違いもでき従ってその書の信用も価値も失墜する。つまらぬことだ。こんな本はとても恐ろしくて引用などはできやしない。またこんなことがあるから書中いずれの部も原本と違いはせぬかと危ぶまれ、いざという場合はどうしてもその原本を見なければ安心ができなくなり、不便なことこの上もない。また原本のとおり片カナなれば前にもちょっと記したとおりたとえヲがテになりホがネになっておっても、字体が似ているからなんとか考えようもあるがヲがてになるホがねになっていてはさっぱり推量の緒が立たぬ。それゆえこんな全集などというような活版本を複製する人々は大いに猛省すべきことがらでじつはこのごときものはみなよろしくReproduction in facsimileにすべきである。ましてや一般校合の疎漏な常習である今日のわが邦においてをやである。

また近来は西洋カブレがしてやたらに句点を打ちたがる癖があるが、カナ交りの日本文にはそんなに句点をつけなくても文章がよく解るからむやみにこれを施さなくてもことが足りる。今日新聞紙の文章にはそう一句一句に句点を打たぬものが多いが、だれが読んでも容易にその文章が解るではないか。欧文や漢文とは違い邦文はその書き方が順々になっており、その意味を表わす字が逆もどりなしにつらねてあるから、読み下せば句点がなくともよく解るようになっている。それゆえわずらわしくそれにこれを打つ必要は少しもない。『大和本草』の文章にはもと句点はないが『全集』にはわざわざこれを施してある。ことによるとその句の切りようで原文の意味を間違えて解することがないとも限らなく、また句点あるがためにいたずらに行数が延び、したがって紙数も増しまことに不経済しごくである。それゆえこんな場合、すなわち原文に句点のない場合はしいてこれを施す必要を認めない。このような見地から、かつて私の編輯しておった『植物研究雑誌』の文章には必要以外にはいっさい句点を施さなかったが、ついぞ読者から『研究雑誌』の文章には句点がないから読んでわからぬというような苦情が持ち込まれたことは一度もなかった。

私は比較研究のために『大和本草』の書を数部集めてみたが、幸いにその中に一部印刷のきわめて良好なものを手に入れた。これは初めのうちに刷ったもので、板木に欠損したところなどもなく文字もすこぶる鮮明である。いったいこの書はたくさんに刷ったものと見え、ふつうに見る本には文字鮮明ならず板木の欠損したものがすくなくない。『益軒全集』の原本としてこんなまずい本を用いたから、それでなおさら誤謬が生じたわけである。こんな堂々たる『全集』に原本として使うなら、もっと充分吟味して良き本を用いたらよかったろうに惜しいことをしたものである。

『大和本草』は永い年の間、前にも記したようにたくさん印刷して世に出したので、後にはその板木がところどころ悪くなっており、かつその版元の書肆も名が異なっている。すなわち奥付けに寛永六巳丑歳仲秋吉祥日、皇都書林永田調兵衛とあるものが最初の版である。中にはこの年号をそのままにおいてその下に京烏丸通二条下ル町小野善助蔵版としたものもあるが、その刷りのぐあいならびに製本のようすからみて、これはずっと後にその版木を他から買い受けてはじめて自家で出版したかのように見せかけたものと想像することができる。そして本書は版木の破損するまでもたくさんに刷ったにかかわらず、まだ一度も改刻したことも補刻したこともなく終始同一の版を使用していたのである。

『大言海』を覗いてみる

和漢洋を打って一丸とす

例の大槻文彦博士の著『大言海』第二巻第二四一頁に左のとおり書いてある。

こかのき（名）古柯樹〔こかハ、英語、Coca〕樹ノ名、幹ノ高サ六尺余、葉ハ、長楕円形ニシテ、全緑ナリ、花ハ、小サク、淡黄色ニシテ、単性、雌雄、株ヲ異ニシ、初夏ニ、花開キ、晩秋ニ、実、熟ス、南亜米利加洲、べる国ノ産ナリ、葉ハ、古柯葉ト称シテ、薬用ニ供セラレ、実ヨリ蠟ヲ採ルヲ、こからふト云ふ。天竺桂。

これである、今この文章でみると古柯の実からは「こかろう」という蠟が採れ、かつ古柯には天竺桂という漢字があることになるが、天下あにそんなてこへんなことあらんやで、大槻老先生はこの一記事を草せらるるときおそらく寝不足かなんかで、あるいはおつむりがぼーっとなっておられたではなかったかと想像するよりほか、なんとも考えようがない。あるいはひょっとしたらあまり力のない助手君どもが、なまはんかな知識を振り廻してお手伝いして書いたものでがなあったろうか。すなわちこの記事ではその古柯は西洋、その「こかろう」（こか蠟）は日本、その天竺桂は支那とこの三つの合作であって、こんな失体が今日この「スタンダード」の最新辞典にあらんとはまったく吾人の思い設けぬところで、なんとしてもわれらはわが眼を疑わざるを得ないのである。

わが邦従来の学者は支那の天竺桂をくすのき科のやぶにくけいに当て（じつは当たっていないけれども）、このやぶにくけいは国によりこがのきと称する。すなわちこの樹にこのごとくこがのきの名があるのを見て、これを軽率にもさっそく古柯のところへ持って行って竹に木を継いだものである。そしてこのやぶにくけいの実から蠟が採れるがそれがすなわち蠟燭を造るこが蠟で、これもその名の類似によって造作もなく古柯のところに引き据えられた。しかるがゆえに上の古柯の記事の末文が「実より蠟を採るを、こからふと云ふ、天竺桂」となったものだが、この句は容赦なくそれより引きおろして抹殺し去るべきものであることをこの辞書使用者はよく心得おくべきである。なおこのうえに古柯の花は「単性、雌雄、株を異にし」と書いてあるのもたいへんな間違いであってこの植物の花はまったく両性で一花の中に雌雄の両蕋を兼ね備えている。

私はこのめでたき好辞書の中にこんな奇想天外な誤謬のあることを、ほんまに惜しまざるを得ないのである。

食物を盛った御菜葉

いまもう一つ『大言海』の記事を的に、ひょうと一矢を放ってみる。すなわちそれが御菜葉についてである。これに関して『大言海』の第二巻第二七六頁には、

ごさいば（名）御菜葉〔葉ニ、菜ヲ盛ルニ用ヰル由ナリ、桐ノ葉ニ似タリ〕苘麻ノ異名。

倭訓栞、後編、ごさいば「御菜葉ノ義、菜ヲ盛ルベキヲ、苘麻ヲモ称セリ」

と、これんばかり出ている。私は今これを見てこの『大』の字を冠せる『言海』に対しすこぶるもの足らぬ感じがする。なんとならば実際ごさいばにつきこればかりの記事ではよくそのものを表現していなく遺憾な点があるからである。

ごさいばすなわち御菜葉の主品はなんであるかと言うとそれは疑いもなくあかめがしわであらねばならぬ。あかめがしわとはすなわちたかとうだい科の落葉小喬木で邦内諸国の山野に最もふつうな植物である。

従来わが邦の学者はこれを支那の梓にあてていれども、これは最も非で、この梓は元来わが日本にはない樹種でただ支那のみに産し、Catalpa Bungei の学名を有するものである。わが邦人昔からこの梓をあずさと訓ずれども、これもとより誤りであずさはまったく別の樹であること今日はきわめて明瞭となっているにかかわらず、世間ではなおその真実を知らぬ人が多く、『大言海』など

も依然として誤った旧説を掲げている。

昔時は食物を盛るに種々な木の葉を利用したがそれがすなわちかしわである。このかしわの名はそれらの総称で、すなわち食物を載せ盛る葉はなんでもかしわであったのである。今日でも国によってはその葉にいろいろの物を包む。かのほおのきも古くはこれはこれをほおがしわといわれた。今日ではかの樹が、ひとりかしわの名を専有していれども、昔は上述のとおりもっと大きな汎称であった。そしていろいろの葉を用いたあまり、ときには食物を盛るにしいの木の葉までも使用したとみえて、かの「家にあらば笥《げ》にもる飯を草枕、旅にしあれば椎の葉にもる」の歌さえもある（枝付きの椎の葉を敷きその上に握った飯なら充分に載せることができる。それはちょうど油揚げの豆腐などをひのきの葉の上に載せるごとくに、たいていの人が椎の葉一枚へ飯を載せると解するからしたがってその間にとかくの議論を生ずる）。

さてかしわの語原については「炊ぎ葉」の約せられたものではないかともいわれ、また「堅し葉」のつづまったものだともいわれている。葉に食物を盛るので、そこで食膳の料理をつかさどる人すなわち膳夫をかしわでと称するにいたった。

右のごとく使用せらるる種々の葉の中で一番ふつうに使われたのが、けだしあかめがしわの葉であろう。それはこの木がもっともふつうに吾人の周囲すなわち手近にあるからである。その葉が広く用いられた結果、今日でもなおかしわの名が存して、あかめがしわだのあかがしわだのまたかわらがしわだのと上へ赤芽、赤、または河原なる形容詞が加わりて、名まえ面が変わって現存しているわけだ。そしてある地方にあっては田を祭る時、このあかめがしわの葉に白米を盛って供え、またときにある神社では、神前への御供えにやはりこの葉に食物を載せる式がある。すなわちこれらは古昔最もふつうにこのあかめがしわの葉が民族間に用いられた習慣が、なお今日に遺っているものである。ごさいばは菜を盛るので御菜葉であり、またの名さいもりばは同じく菜を盛るので菜盛り葉である。ところによるとこれにすししばの名がある。すなわち鮨柴で鮨を載せ包むからそう名づけたもので、こうするとその葉の匂いが鮨に移ってうまいといわるる。

元来ごさいばすなわち御菜葉の題下には、よろしく前述あかめがしわについての事実を主体として書くべきであるのにかかわらず、『大言海』ではこれを閑却してただわずかにいちびの苘麻《ボウマ》一つを主体として、ごさいばすなわち御菜葉をそのいちびの「異名」だといっているにすぎない。ただしそこに引用してある『倭訓栞』の後編の文章には、「苘麻をも称せり」とあるからひとり『倭訓栞』の著者（谷川士清）のみにはこの苘麻の他になおごさいばなる何物かがあることが判っていたであろうが、しかし同書の他の部分には別にごさいばについての記事は見当たらないから、それがはたして何物であるかは今にわかに判断ができぬのである。

右のいちびと称するあおい科植物の苘麻にも『倭訓栞』にあるごとく、同じくごさいばの名はあれども、しかしこの植物はたまに人家に作ってある外来の草で、わが日本人が古昔から一般に広くその葉に食物を載せたといわるる御菜葉そのものではないのである。畢竟《ひっきょう》これは普通のものでなく、ある地方でときにその葉を利用して食物を盛り、これをごさいばと称えた小区域の一時的のものにすぎない。それゆえこの啇麻にたとえごさいばの一地方的方言があるとしてもそれは決してあまり重要なものではない。『大言海』には前述のとおり、この軽き啇麻の御菜葉のみを挙げて、かの重きあかめがしわの御菜葉を書き落としているのは、辞書の使命から考えても決してその役目を全うしたものとはいえないのである。

私は『大言海』の編纂に昼夜心血を注がれた著者大槻先生の御存命中に、これらのことを言い先生のお耳に入れたかったが、今は詮ないことである。

本田正次博士に教う

昭和十八年十一月一日に京都における植物分類地理学会発行の『植物分類、地理』第十三巻は、京都帝国大学教授小泉源一博士の還暦記念号であるが、その誌上において本田正次博士が「科の和名統一に就いて」と題する一文を掲げ、だいぶ拙者に向かって挑戦せられているので、今ここに一管の筆を執っていささかに応砲するの止むなきにいたったしだいだ。俗諺に言う「雉子も鳴かねば撃たれまい」とはこのことだ。

まずその文中の一節に『今日偶然一生徒が私に質問して曰く「ウラシマサウはテンナンシャウ科ではないのですか。牧野先生の図鑑にはサトイモ科と書いてありますが。」私は此質問に対して生徒と同様の不審を抱いた。何故ならば先取権の上からテンナンシャウ科が古いか、サトイモ科が古いかは文献を見た上でなければ俄かに断定し難いが、今迄我々が使ひ慣れたテンナンシャウ科が消えてサトイモ科が現はれた訳は本当に私には解し難いのである。それでわたしはその生徒にはテンナンシャウ科で差支ないと答へて置いたが如何なるものであらう。』と本田博士が書いているが、これはたとえテンナンショウ科を改訂してサトイモ科としても、賢明達識で気の利いた士であればさっそくになるほどと早くも合点してその辺の消息を了解しなんら「解し難い」ことはないであろう。試みに思ってみ給え、元来わが日本に天南星という本当の植物があるか否かを。しかしわが邦で従来天南星その名で呼んでいた植物があるにはあって、拙者もつい近年までは先輩の謬見に引きずられてその名を使っていたのだが、今日では昨非を悟ってその天南星がわが邦に産するという事実を断然否定している。ゆえに拙者の『図鑑』七七四ページ第二三二〇図に与えられてあるテンナンショウの和名は、断乎としてこれを取り消し別の名でこれを呼ぶことにしている。つまりテンナンショウの和名と漢名とを放逐するのである。

わが邦には天南星は既にない！　そこでその科すなわち Araceae のわが邦代表者としてテンナンショウの後釜に、だれもがよく知っているサトイモを据えてそれをサトイモ科と改めたしだいだが、その辺なんの無理もなんの不都合もなかろうじゃないか。天南星がわが邦にあると思惟するのは、もはや拙者には時世おくれの旧説としか感じない。わが邦にない植物をもってわが邦での科名にするのは不徹底しごくではないか。訂正をせねばならんゆえんだ。

わが邦従来その和名をテンナンショウとし、その漢名を天南星とした植物は、学者によって必ずしもその種が同一のものではなかった。ゆえに岩崎灌園の『本草図譜』にある天南星と、飯沼慾斎の『草木図説』にある天南星とはあえて同種のものではないのである。しかし支那で天南星という植物は、Arisaema pentaphyllum Schott（= Arumpentaphyllum L.）がその正品のようだけれど、なおその類品に天南星の名を冒しているものがいく種かあって、同名異種の観を呈している。そしてその中に A. heterophyllum Blume が入っていて、これまた天南星の名を冒しているが、ただこの一種のみはわが邦にも産する。しかしそれは古くからマイヅルソウと呼んでいて、いまだかつてこれをテンナンショウと単称したことはまったくなかった。しかるに今日そのマイヅルソウをマイヅルテンナンショウといっているのは、これはむろん前々からの名ではなく、それはずっと後、明治八年発行の『新訂草木図説』で田中芳男、小野職愨《モトヨシ》両氏がことさらにそうした第二次的の和名である。またわが邦ではよく A. japonicum Blume をテンナンショウすなわち天南星に当てているが、これまた全然誤りであって、それは決して天南星ではない。

上に書いた天南星の主品、すなわち A. pentaphyllum（L.）Schott は支那の特産種であって、もとよりわが日本には産しない。その球茎は硬質白色で四分ないし一寸三分ばかりの径がある。凹圧せられた平円形で一般に小凹点をめぐらし、その上頂面にはそこに芽の位置を現わしている。その大形なる球茎を中心としてそれから小形の仔苗が分れている。その乾燥せる生薬は少しの匂いと味とを有し、これを噛むとそれがたとえ少量であっても非常に辛辣である。葉は五全裂をなし、無柄の小葉は長楕円形で鈍頭を呈する。肉穂花軸の付飾物は直立して鍼形を呈し、仏焔苞は上部斜向し、長形で短き鋭尖頭を有する。

また本田博士は『前記の外、牧野先生の新しい「日本植物図鑑」の中には我々に目新しい科の名前が少くない。例へばクチビルバナ科、カラカサバナ科、ジフジバナ科、ホモノ科などで、これらの名は何とも断ってはないが、恐らく同書で初めて先生が作られたものであらうと忖度する。といふのは、同書ではこれも、何とも断りなしに新名や新組合せなどの新しい学名と覚しきものが到る所に散見出来るからである。』

と書いているが、拙者の新たに訳名を下したクチビルバナ科、カラカサバナ科、ジュウジバナ科、ホモノ科はその命名に当たってなにも別にあらかじめ断わる必要のないもので、これは一見してクチビルバナ科は唇形科のLabiatae、カラカサバナ科は繖形科（＝傘形科）のUmbelliferae、ジュウジバナ科は十字科のCruciferae、ホモノ科は禾本科のGramineaeであることが拙者の『日本植物図鑑』にはその「自然分類表」にちゃんと明記してある。そしてこの書の分類法はA. Engler氏の最新分類式に準拠すると断わり書きして、これまたそのよって来たるところを本書の凡例中に叙してある。もしもこの和訳名が不都合だと言うのなれば、同じくEngler氏分類法中にあるLabiatae, Umbelliferae, CruciferaeならびにGramineaeの科名もまた不都合だという結論になるが、天下あにその理あらんやである。

また新しく出版せられたる書物にはその中に新見、新事のあるのは当り前のことで、これあってこその書物に価値がある。そしてわが主張を、わが意見を、わが著書に載せることはこれは著者の自由、権利でなにもいちいちこれを他に断わる必要はなく、またそんな不見識、不常識をあえてする人もまたなかろう。ゆえに拙者が植物に新名を下すも、名の新組み合わせをするも、またわが信ずる学名を記するもこれもとより自由勝手であって、なにも他人の顔色をうかがいまた他を顧慮し、また他の掣肘を受くる必要はなく、わが思う存分に突進また突進すればそれでよいのだ。本田博士は「学名と覚しきもの」と失敬的に書いているが、それは同博士の眼に「覚しきもの」と見えるだけのことである。そしてとにかくその書式はどうあろうとも、これは研究考察した上わが意見を書いているのであって、いたずらに紙上で僥倖的に「コンビ」(Combination)を行のうているのとはわけが違う。

本田博士はまた『果してさうだとすれば既にヲドリコサウ科とかシソ科とか代表種を使用した合法的の科名が発表されているに拘はらず、何故にクチビルバナ科といふ新名を創定されたか甚だ了解に苦しむ所である。』

と書いているが、これは前にも述べたとおり拙者の『図鑑』の分類式は Engler 氏にのっとったもので、その分科の中には Labiatae(訳名クチビルバナ科)はあれども本田博士が独りで合法的だと私称するオドリコソウ科、あるいはシソ科なる Lamiaceae の科名もなければ、またアブラナ科なる Brassicaceae の科名もなく、またイネ科なる Poaceae の科名もなく、またタケ科なる Bambusaceae の科名もないから、例えば政府が法令を出すような気分で、これは合法的だからそれに従わねばならんぞと壮語してみたところで、万人の敬仰する中心人物が言うのならともかくも、中途半端な学者の号令ではなかなかそのとおりには行かないのである。学者にはいろいろの主張もあればまた意見もあるから、これを強制してそう軽々にホイ来たと無条件に受け取らすわけには行くまい。すなわち今その一例として本田博士の『大綱日本植物分類学』中のわれらの不賛成のものを挙げてみれば、それは同書中にほしいままに設けてある「タケ科 Fam. Bambusaceae」である。このようにこれを禾本科外に独立させてあるのは単にその外観的の感じに支配せられた軽挙たるにすぎなく、それは科学的（scientific）には決して禾本科外に別に一科を建つべき性質を享有しあるものでは断じてない。ゆえに世界に有名な分類学者ではタケ（竹）類は禾本科中の一亜科、すなわちBambuseaeとはなっていても、あえてそれを禾本科外に独立させた一科とはしていない。それはもっともしごくなことで、そうするのがもとより合理的であるからだ。

本田博士はまた『禾本科がホモノ科になった所で、穂をもってゐるのは禾本科だけではあるまい。』とまるで子供が言っているようなことを書いているが、同博士はかつて禾本科植物を専門にやられたことがありながら、これと密接な関係のある「穂」というものに対しての知識がすこぶる不足しているから、つまり上のような「穂をもってゐるものは禾本科だけではあるまい」と皮相な言葉も出るのであろう。これでみると同博士はまだ「穂」というものの本義、定義、すなわちその真意義をご存じでないことが看取せられる。

植物自然分科中に伍する一科のGramineaeに対する訳語が禾本科で、これは明治五年十月文部省博物局刊行、田中芳男訳、『垤甘度爾列氏植物自然分科表』に出ているが、すなわちこの禾本科の訳語がホモノ科である。禾本を和訳し、もってホモノ（穂物の意）と称するのは既に先輩の使用せし成語であって、その間なんらの不都合をもまた不合理をも感じなく、ごく穏当なものである。それゆえ拙者は異議なくそれを承認して、わが『牧野日本植物図鑑』において、従来の禾本科をホモノ科とした。これは「禾」をホ、すなわち穂として「本」を物すなわち輩としたもので、穂の出る同輩植物を統《す》べたものである。

支那の権威ある辞書字典によれば、禾は嘉穀なりとあり、また穀穂をいうともある。また禾は穀属の総称であるともある。すなわちこれらが禾の本義である。穀の実の付いているところが穂であって、それは稈の頂に秀でて出ている果穂をいったものである。ゆえに穂の字は禾偏に書いてある。このように元来穂の字はかつては穀属穀品に対してできたその専用語であったのである。そして後には一般の禾本類に通用するようにその意味が拡充せられた。しかるになおそればかりに止まらずに、後世さらにその範囲をいっそう延長普遍させて、ついには禾本科類ならざるものまでにも及ぼすようになり、そこでその穀穂の尖った形貌に似て穂の形をしたもの、例えば草木の花でも実でも便宜的にこれを穂と呼び、さらに進んでは槍でも筆でも同じくその尖頭を穂といいならわすようになったのであるが、しかしこれらはひっきょう穂の字の仮用であり、便用であり、借用であり、また流用であることを心得ていなければならないのだ。

穂といえば世間一般のいわゆるホと呼ぶものをもって、穂の字始まって以来どれもこれもいっさいそれであると軽々と鵜呑みにするのは、これその穂というものの本義と仮用とをわきまえざる浅識未熟の人の言うことで、なんら拙者のホモノ科の訳語を非難攻撃し得べき根拠のあるものではあり得ないことを銘記すべきだ。

世界の学界で前々から権威ある幾多の書物に採用せられていて、永くわが邦でも慣用し来たったGramineae、すなわち禾本科にホモノ科を用うるのは少しも悪いことではない。

またLabiataeの唇形科をクチビルバナ科と和訳し、Cruciferaeの十字科をジュウジバナ科と和訳し、Umbelliferaeの繖形科（傘形科）をカラカサバナ科と和訳し、Gramineaeの禾本科をホモノ科と和訳したとてなんら不合理のものではなく、なんら不理窟なものでもない。

ついでに言うが、本田博士は『和名も学名と同様に厳密な先取権を適用するのが原則であると思ふが、』

と書いているが、拙者の見るところではこれは科や学名やの問題とは違い、和名の複雑な性質上から推し考えて、それはとうてい困難しごくな相談たるを免がれ得ないと断言しまた予言しおくのみならず、ひるがえっておもうにこれはまた大した必要なことではないとも信ずる。しかし万一これを実行し得たとすれば、その浅薄で低級な考えの結果はいたずらに混乱紛糾を招くばかりで、あえて世間に対してもまた学会に対してもなんらの利益ももたらさず、実際かえって囂々《ごうごう》たる批難攻撃を受くるばかりで済まなく、ついには学者無用論までも抬起するかも知れないことを憂える。しかし盲、蛇に怖じずにそれをやってみようという人があったら、まず植物に関する一切の和書ならびに漢籍、すなわち換言せば植物にかんする万巻の和漢書を一冊残らず読破した後でなければ口はばったくものが言えないから、なかなか容易な業ではない。今拙者の見渡したところでは、残念ながら今日充分深い素養をかさねた識見の高い学問の博いその適任者があるとも思われないが、もし幸いにあったとしたらお慰みだ。

まだ上に述べたほかに科名の先取権などで言いたいことがあるにはあるが、あまり長くなるからそれは今ここに見合わしておくことにした。しかしあるいはまた折を見てさらに述べることがないでもないかも知れない。そこで今回はまずこの文をもっておしまいとすることにした。

自然とともに

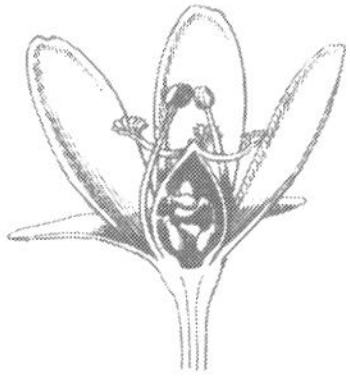

石吊り蜘蛛

昭和八年の六月初旬に私は、広島文理科大学植物学教室の職員学生等二十八名と、同県山県郡の三段峡に行ったことがあった。

そのとき、同峡を通り抜けて北行し、八幡《やわた》村の蓬《よもぎ》旅館に宿したのが同月三日であった。

この旅館は農家構えの大きなわらぶき屋で、その周囲は畠地である。

翌、四日に朝起きて庭へ出て見たら、そのわらぶき屋根の軒から直径およそ八ミリメートルくらいの小石が一つ空中にぶら下がっているではないか、そしてその石の地面を離れていることおよそ四尺くらいの高さであった。

これは面白いものを見つけたものだとよく注視すると、小石は蜘蛛の糸で吊られていて、またその吊り方がなかなか功妙にできていることを知った。

これは多分、蜘蛛がはじめ、軒から出発し、一条の糸を出しつついったん地に降り、地面にあった手頃な石へ糸を掛け、その石の下をまわしてきて、石の直上でこれを一つに合わせ、その石へ掛けて二条になっている糸が開かぬように一条の横糸でしっかりそれを押えている。そしてたぶん、はじめ軒から降りてきた時の糸の末端にそれがつながれた形になるので、それをそのまま地面に置き、自分は再びはじめ降りてきたその糸を伝って軒までよじ登り、そこからその糸を手繰《たぐ》ってその末端の石を引きあげたものであろう。

蜘蛛がなぜこんな手数のかかる芸当をするかというと、それはたぶん石の重りで緊張したこの垂直の一本の糸を、彼の網を張る一方外廓の幹線としたのではないかと想像せらるる。ほかに網を張る幹線すなわち骨組み糸を付着さす便宜のない広い軒先のことゆえ、蜘蛛がこんな珍無類な知慧を出すようになっているのであろう。

その時、不幸にして蜘蛛がそこに見えなかったので、したがってその正体は全然分からない。東京へ帰ってからだれもご承知の蜘蛛学の権威岩田久吉君にお尋ねしてみたが、同君もこれははじめてでとのことで、ついにその名は分からずに終わった。

このようなわけで、その正体はまだ突き止め得ぬけれども、どうせ本尊様が居るには居るに相違ないから、私はまずこれをイシツリグモと命名しておいた。これは私が畠違いの動物へ名を付けたはじめてである。ゴメン下さい。昭和十年の秋に再び同旅館に宿したので、注意して見たけれども、この時はサッパリそれに出会わなかった。この蜘蛛はきっと新種だろうから馬力をかけて採集し、そしてそれを研究し、その新学名を発表する価値が充分にあると信ずる。今後果してだれがその功名をかち得るであろうか。

昆虫の観察

この三年ほど前から、私の宅の庭にあるウコギ、ヤツデ、ウド（私の庭にはウコギ科の植物はこの三種しかない）に、ヒメシロコブゾウムシがたくさんにたかって、その葉を蝕害することおびただしく、そのさかんな時は、これらの植物がまっ白く見えるほど来集したが、まことにありがたからぬお客さまであった。

この虫は、動作の鈍い虫であるから、その植物をゆさぶって、これを地上に落として退治した。奴さん、地面に落ちるとのそのそと這うものもあるが、多くは眠ったように落ちついていて、かつ白く目だっているから捕えるにはきわめて楽である。このように百ぴき、二百ぴきといるから、二つ、三つくらいの瓶詰めはぞうさなくできる。もしもこれを標本屋で買ってくれるなら、一ぴき一円と見てもだいぶ金儲けができたわけだ。昆虫学者に聴いてみたらこれはふつうの凡虫らしいので、「エーッ、こんな奴は仕方がない」と捕えた虫をみな捨ててしまった。

この昆虫は、交尾後はたぶん掃き溜めのようなところへ産卵し、そこから孵化してきて植物にたかるのであろう。それが、ちょうど六月である。

私の庭では、はじめ突然にこの虫が出はじめ（それまではいなかった）、三年ほどの間は毎年それが無数に生じたが、今年は意外にもずっと少なくなったところをみると、あるいは来年はもう出なくなりはせぬかと喜んでいる。

去年の冬はそう寒気が強くなかったから、越冬する卵にもさほど影響がなかったように感ずるが、それにもかかわらず今年はその出現数がずっと減っているのはどうした原因であろうか。他の昆虫などにも、きっとこんな消長現象があると思うが、その消長が何に基づくかを考え研究することも、自然界について面白い一課題であると信ずる。

その葉を害せられるウコギは、その掌状小葉の中脈を残して食われ、ウドもまた葉を食われる。ヤツデは葉質が厚くて硬いからその葉緑の方を蝕害し、またその葉柄にくちばしを当ててかじり、液汁を吸うている。

林をもつ郊外の家は、昆虫学者の住むべき天国である。朝晩注意していると、種々な事実を発見し、把握し、かつ容易に採集もできる。損得を比較すると都会に住む昆虫学者は不幸である。昆虫を研究せんとする人はよろしく居を郊外の適処に求むべきだ。平山昆虫研究所が井の頭にあるのは大いによい。そういかにゃイカン。

紙魚の弁

書物を蝕害する虫というと、すぐにシミが槍玉にあがるが、シミがこの悪名を一手に引き受けているのは可愛想だと私は思い、いささかシミに同情している。

シミ一つを目の敵のようにいうのはちとひどすぎはしないかと思う。書物の害虫といえば、いつでもシミ独りが登場して、「やあ、シミの巣だ」とか、シミのなんだとかいってときには紙魚繁昌記などと書物の題名にまであいなることとなり、名誉といえば名誉といえないこともないが、そう悪口ばかり浴びせ掛けられてはたまったもんではない。

たしかに、シミは少しもよくはない。書物の表紙や小口などをきたなくしたりするから、困りものの一つではあるが、それよりもっと書物を害するやつがいるにもかかわらず、だれもが、いっこうにそいつの名さえいわぬのは片手落ちというもんだ。そいつに比べると、まあシミは舐める程度で、罪が軽いといえる。

書物にやたらに孔をあけて喰い通していくやつは決してシミではない。これは甲虫の一種で、フルホンムシというやつである。和名は正しくはフルホンシバンムシという。この成虫は長さ三ミリメートルあるかなしかの栗色をした小さいやつである。

この甲虫は書物の中で孵《かえ》って外に飛びだし、雌と雄とはいいことをした後、雌はまた書物の中へ卵をうみつけにやってくる。雄はどこかでのたれ死ぬのだろう。

その仔虫は、テッポウムシをごくごく小さくしたような形で、黄白色を呈し、長さは四ミリメートルぐらいある。からだはまがっていて、頭の方が少々太く、その端にある口がちびのくせにとても強力で、口から粘液を出しては書物を縦横に喰いうがち、お構いなしにそこここを孔だらけにする。そんな書物を知らずに開けて見ると、バリバリと音がしていくつもの仔虫が転がりでてくる。これを見ていると体をゆるやかに蠢動《しゅんどう》させている。憎いやつだとこれを潰すとクリームようの汁がでる。こいつが一番書物を害する。こんな悪いやつはない。じつに蔵書家の大敵で、このちび虫のためにどれほど貴重な資料が失われるかは、はかり知るべからずというもんだ。体は小さいがその害はなかなか大きい。単に書物ばかりではない、筆の軸へも喰い入れば、また竹の筆立てなども喰い荒らし、たくさんなふんを製造して孔をあける。

こいつがまた、植物の標品に付けば、それに喰い入り、知らん間に大いにわるさをしている。植物標品を害する虫は、なおほかにふつう三つほど仲間がいる。第二は、蛾の幼虫、第三は茶立て虫のような一種である。そのほかに、ときどき小さい虫のアトビサリがいるが、こいつはたいして害はない。あの長い手の端に、はさみをもっていて、それを打ち振りつつ歩いているさまは、なかなか愛嬌がある。これがかの有名な毒虫、サソリの縁者だと思うとなんとなく興味を覚える。書物を蝕害する害虫は、しかしなんといってもフルホンムシが大関である。それに比べるとシミなどは関脇とまではいかず、小結ぐらいのところである。

私は大いにシミの汚名をそそいでやりたいと思う。シミやよろこべ、よろこべ。

なお、シミという名は「湿虫」の略されたものだといわれている。湿りを帯びた場所にある書物や古紙あるいは衣類などの中に棲んでいるからこんな名があるのであろう。

中国の烏飯

今日はどうだか知らないが、書物によると中国に烏飯、一名楊桐飯というものがあった。すなわちこれは、シャクナゲ科のシャシャンボの葉の汁をまぜて炊いたご飯で、その色が黒みがかっているので、それで烏《くろ》い飯、すなわち烏飯とよぶのである。

この烏飯を食すると、陽気をたすけ、顔色を好くし、筋骨を堅くし、腸胃を健やかにし、不断に用いていれば白髪が黒くなり、老いが到らぬといわれている。

私も、数年前、試みにこの飯を製してそれを千葉県成東での植物採集会のとき、持っていって会員に示したことがあった。

中国の書物によると、右のシャシャンボのことを南燭ともいい、一つに楊桐の名もある。このシャシャンボは、常緑の灌木、もしくは小喬木で、暖地の丘阜や、浅山に生じているが、東京近くでは房州の清澄山に見られる。

シャシャンボは枝も花穂をなして、やせた壺状の白花が連なりひらき、後、小円実がなり、黒熟して酸汁を含むようになる。この実は地方の子供が採って食する。すなわち、シャシャンボの名は、この実から来たもので、その意は小々坊《ささぼう》、すなわち小さき家を意味している。そしてこの名と同じ意味を持つものがグミにもある。アキグミのことを地方によってはシャシャブという。

シャシャンボは一名ワクラハともいう。ワクラハはつまり病葉である。どうしてそんな名があるかというと、それはその紅色を帯びたわか葉から来たもので、すなわち緑葉にまじってこの紅い葉を病気せるものと見立てたのである。

この中国での南燭を、わが国従来の学者はみな「ナンテン」だと信じている。かの小野蘭山の「本草綱目啓蒙」などにも、勇敢にそう書いてあるが、それは疑いもなくまったくの誤りであって、南燭は決してナンテンではなく、これはシャシャンボの漢名である。

小野蘭山は上のように、この南燭をナンテンと思いこんでいるので、それで、その南燭から烏飯のことを「ナンテンメシ」といっているが、これは間違いである。烏飯は、よろしく「シャシャンボメシ」とすべきものである。蘭山はこの烏飯のことをまた「ソメイイ」(染め飯)とも書いているが、これは無難な称えである。

そこで、南燭がナンテンでないとすると、ナンテンの漢名は何であろうか。これは南天燭であらねばならない。南燭も、南天燭とは双方相似ているので、中国の学者でも往々この両者を混同視していることがある。また、ナンテンなる南天燭には、さらに文燭、南天竹、藍田竹、南天竺ならびに藍天竺などの別名がある。

上の烏飯は、平素の飯ではなく、なにかの節に炊くもので、まずはわが赤飯のばあいのようなものであるようだ。そこで、想起するのはわが国で赤飯でも魚でも、他家に贈るとき、ナンテンの葉を添えることである。

人によると、これはナンテンそのものに食物を嘔吐さす性質があるから、この贈り物で、もしも万一中毒したことがあったら、即座にこのナンテンの葉を利用して嘔吐させ、この危難を免がるるようにその親切心で添えるのだといっているが、しかし果してそうであろうか。その判断は博識のお方の説明に待つとして、このナンテンの葉を添えることは、あるいは中国の祝いの烏飯に色をつける南燭をナンテンと誤認した結果の、同工異曲のものではないかと想像するのである。

親の意見とナスビの花

親の意見と茄子《なすび》の花は
　千に一つに無駄がない

ということがいわれるが、ナスには果して無駄花がないのであろうか。

ウリに無駄花（雄花）があるのはだれでもよく知っている事実で、なんの疑いも起こらぬが、ナスにそれがあるとは、ふつうの人々には気がつくまい。

しかし、注意深い学者になると確かにナスには無駄花のあることを知っている。ふんだんにナスを作る農夫はとうにこれを知っていそうなもんだが、しかしそれを知らぬ者が多い。

それならその無駄花とは、どんな花で、そしてどんな具合にできているかというと、それは、ナス畑を一べつすればすぐ判る。

ナスの花は、茎から一個一個でているものは、みな実のなる花であるが、それが短い穂をなして、二、三個あるいは四、五個ぐらいの花をつけているものでは、その本の一つが実花で、他はみな実のできない無駄花である。この無駄花は花の形が多少小さい。

しかし、無駄花でも、雄しべはちゃんとそなわっているが、それはただいわゆるなんの役にも立ちはしない。この花は、たとえ咲いてもまもなく力なく落ちてしまい、ただ実花一個だけが勢いよくあとに残る。

威勢のよいナスの木には、これを生ずることがしばしばあり、決して珍しい現象ではない。こうなるのが、ナスの本性である。ナスは元来、その花序は総状花なのである。どなたでも、実地に畑にいってこれを御覧になれば、すぐにこれを見付け、なるほどと合点がいくであろう。人によっては、ナスの無駄花の花柱は雄しべから上へは決して出ないというけれども、必ずしもそうきまっているわけではない。

私は、そこで、

茄子にむだ花ないとはだれが
　謡いそめたか無駄な歌

と、うたってみたい。今日は世の中が進歩し、現代の息子たちにはなかなか賢い者もあって、旧弊なおやじの見当ちがいの意見を甘受せず、親を馬鹿にすることもたびたびあるのを思えば、千にはだいぶ開きのある十に一つの無駄意見もあろうというもの、そこで、

親の意見となすびの花は
　十に一つの無駄もある

とうたっても、今日では異議なく通用しそうに思わるるが、じつはそれが今日、実際の世相であったとしても、若い者の前で、こんな不謹慎なことを放言すると、おまえは社会の秩序を乱す大たわけめとたちまち、かたいお方から叱られることになり、このおやじ馬鹿をみて、けりとなるかも知れんテ。

なぜ花は匂うか

花は黙っています。それだのに花はなぜあんなに綺麗なのでしょう？　なぜあんなに快く匂っているのでしょう？　思い疲れた夕など、窓辺にかおる一輪の百合の花を、じっと抱きしめてやりたいような思いにかられても、百合の花は黙っています。そしてちっとも変わらぬ清楚な姿でただじっと匂っているのです。

牡丹の花はあんなに大きいのに、桜の花はどうしてあんなに小さいのでしょう？　チューリップの花にはどうして赤や白や黄やいろいろと違った色があるのでしょう？　松や杉にはなぜ色のある花が咲かないのでしょう。

あなた方はただなんの気なしに見過ごしていらっしゃるでしょうが、植物たちは、歩くことこそできませんがみな生きているのです。合歓木《ねむのき》は夜になると葉をたたんで眠ります。ひつじぐさの花は夜閉じて昼に咲きます。豆の蔓は長い手をのばして付近のものに巻きつきます。一枚の葉も無駄にくっついてはいないのです。八ツ手の広い大きい葉は、葉脈にそって上から下へと順々に、なるべく根の方に雨水を流して行きます。チューリップのような巻いた長い葉は、幹にそって水が流れ下りるように漏斗の仕事をつとめます。陽が当たると葉は、充分に身体をのばして、いっぱいに太陽の光を吸い込んで、植物の生きて行くのに必要な精分である炭酸ガスを空気の中から吸収します。根から水分と窒素があつめられます。そして植物は元気よく生きていくのです。

人間がおとなになると結婚をして子孫をのこして行くように、植物も時が来ると繁殖の準備を始めます。長い冬が終わって野や山が春めき立つ頃、一面の大地を埋めつくす美しい花々は、植物の御婚礼の晴衣裳ともいえましょうか。あなた方も知っていらっしゃるように、花の中には雄蕊と雌蕊とがあって、雄蕊にある花粉が、自分の花または他の花の雌蕊に運ばれることによって受精し、種子が出るのです。

美しい花をつけている植物では、この花粉の運搬を昆虫に頼んでおきます。美しく咲きそろった大きな花を見、快い香りを訪ねて、昆虫たちはいそいそとお客様になって飛んで来ます。花の御殿の奥座敷にはおいしい蜜がたくさん用意してあってこの大切なお客をもてなします。昆虫は他の花からの花粉をお土産に置いて、また帰りには雄蘂からの花粉を身体中に浴びて別の花へと飛んでゆきます。

花にもいろいろ種類があるように昆虫にもたくさん種類があります。同じ昆虫でもそれぞれ好きずきがあって、花によって来る昆虫の種類が違います。蜂は青い花が好きだし蝶や虻は明るい花に飛んできます。それで花の御殿の方でもお馴染にお客様が都合がいいように、外の飾りや匂いは勿論、御殿の中の構造もうまく作られています。大きい昆虫の来るチューリップや薔薇の花は大きいし、小さい昆虫の来る桜や梅の花は小さいのです。そして小さな花の咲く植物は花がたくさんかたまって遠くからでも見えるようになっています。

つつじの花を見てごらんなさい、花が横を向いているでしょう。そうなっているのは虫が入りやすいためです。上側の花弁の中央に胡麻をまいたような印のあるのは「この下に蜜あり」という立札で、昆虫はこの札をめがけて飛んで来ます。そのとき雄蕋の葯が昆虫の身体にこすりついて、葯の孔の中から糸を引いたように花粉がこぼれ出ます。

このように植物の生活の中で一番複雑で巧妙でそして面白いのは、繁殖のための時期でありす。菊の花などは、あなた方はあの大きく咲きこぼれた大輪があれで一つの花だとお考えでしょうが、そのそりかえった一片一片がそれぞれ一つずつの花なのです。めいめいに雄蕋雌蕋を持ったたくさんの花が一本の茎の上に共同の生活を営んでいるのです。一匹の昆虫が飛んでくると、たくさんの花が一時に花粉のやり取りをすることができるので、ほとんど無駄なく多くの花が受精し結実するのです。こんなふうに種子を作る設計が巧みにできている花を高等植物といい、日本の皇室の御紋章である菊の花や満洲国の国花である蘭（菊科中のフジバカマで世人が思っているような蘭科植物のランではありません）は花の中での王者といわれるものです。

松や杉にも花は咲くのです。ただ松や杉の花粉は昆虫の助けをかりないで風に流れて他の花へ到達します。それゆえ他の花のように、きれいな色や匂いで花の存在を広告する必要がないのです。それで花は咲いてもあなた方の目にはほとんどふれないのです。

次に同じ一つの花に雄蕋と雌蕋とがありながら、なぜ別の花からの花粉を貰わなければならないのでしょうか。花の世界にも道徳があります。雄蕋と雌蕋との間にはちゃんと成熟の時期に遅速があって、人間の世界におけるがごとく、近親結婚がほとんど不可能なようになっています。なでしこなどはそのよい例です。

その他植物の世界は研究すればするほど面白いことだらけです。もしこの世界に植物がなかったら、山も野原も坊主になりどんなにか淋しいでしょうし、そのうえ米、麦、野菜、果物、藻の食料品、着物の原料、紙の原料、建築材料、医薬原料すべて植物のお蔭でないものは一つもありません。あなた方も花を眺めるだけ、匂いをかぐだけにとどまらず、好晴の日郊外に出ていろいろな植物を採集し、美しい花の中にかくされた複雑な神秘の姿を研究していただきたいと思います。そこには幾多の歓喜と、珍しい発見とがあって、あなた方の若い日の生活に数々の美しい夢を贈物とすることでありましょう。

蜜柑とバナナはどこを食う

蜜柑の実にもし毛が生えなかったなら、食えるものにはならず、果実としてまったく無価値におわる運命にある。毛があればこその蜜柑である。この毛の貴きこと遠く宝玉もおよばない。みなの衆、毛を拝め、蜜柑の毛を。

花のときミカンの子房を横断して検してみると、それが教室になっており、その各室内には嫩《わか》いを卵子《オビュール》があるのみで、他にはそこに何ものもない。花がおわるとその子房は日を経るままにだんだんとその大きさを増すのだが、花後すぐにその室の外側の壁面から単細胞の毛が多数に生え出て来、子房の増大とともにこの毛もともに生長して、まもなく室内を充填し、かつその大きさをも加える。この果実が熟する頃にはそのミカンの嚢一杯になっている毛の中に含まれた細胞液が酸化し甘くなり、そこで食われ得るミカンとなるのである。つまり毛の中の細胞液をわれらは賞味しているのである。

ミカンの皮は、外果皮、中果皮、内果皮の三層からなっているが、その外果皮には多数の油点がある。中果皮は外果皮に連なり粗鬆質である。内果皮は薄いけれども組織が緊密で、いわゆるミカンの嚢の外膜をなしている。そしてたがいに連続せずに嚢にしたがって切れている。その質が堅くかつ嚢の外方壁となっているので、ミカンを剝げば融合連着している外果皮、中果皮がいわゆる蜜柑の皮となり、ひとり内果皮を残して剝がれるのである。

バナナ（すなわちBananaこれは西印度土語のBonana、から出ている）の食う部分はその皮であって、すなわちその中果皮と内果皮とを食っているのである。外果皮は繊維質になっているのでこれを剝げばその内部の細胞質の中果皮と内果皮とから離れる。ゆえに俗にはこれをバナナの皮だといっている。この中果皮と内果皮とは互いに一つに融合しておってこの部が食用となるのである。そしてバナナは変形してたとえ種子の痕跡はあっても種子ができないから食うには都合がよい。植物学的にいえばバナナは下位子房からなっているから、その食う部分は茎からなっている花托であるといえる。ゆえにバナナはつまるところ茎を食っているとの結論に達するわけだ。

オランダイチゴの食う部分は花托だから、じつをいえば変形せる茎を食っているのである。その粒のような本当の果実はその犠牲となりお供していっしょに口へはいるのである。果実の食う部分を注意してみるとなかなか興味がある。上位子房からの果実よりは、下位子房からの果実には種々おもしろ味が多い。

梨、苹果、胡瓜、西瓜など

ナシ、リンゴ、キュウリ、スイカなどはみな植物学上でいう下位子房（Inferior ovary）を持っていて、その子房が成熟して果実となっている。ゆえにその果実はウメ、モモ、カキ、ミカン、ブドウ、ナスビなどのように純粋な果皮を持った果実とは違って、その子房は他の助けを借りてそれと仲よく合体したものである。つまり瘤《こぶ》付きである。ゆえにその果実の内部の中央の方は本当の子房からなっているが、外側の方はその付属物である。そしてその食える部分はすなわちこの付属物であって、中央の子房はキュウリ、スイカなどは軟らかくて全部いっしょに食えるが、ナシ、リンゴなどは食うにしてもそれが食えないのである。

これらナシ、リンゴ、キュウリ、スイカなどの実は、上述のとおり下位子房でなったもんだからその周囲を花托で取り巻き、それが中の子房に合体している。そしてその花托は茎の先端であるから、ナシ、リンゴなどの食う部分は、つまるところこの茎であると結論せねばならん理窟だ。

学校で植物学を学んだ人たちはこんな事がらは既に承知しているはずだろうから、いまさら私が上のようなことを喋ると、時世おくれだと笑われるかもしれんが、しかし今世間でナシ、リンゴ、スイカ、カボチャなどを食う大人達、婦人達が果してこんな事実を先刻御承知かどうか、どうもそこまで一般が科学的になってはいないような感じがする。

グミはどこを食っているか

グミの類の花を見ると、花の下に子房のように見えるものがあるので、チョットそこに下位子房があると感ずるのだが、じつはそれは子房ではないのである。すなわちその子房らしいところは花の顔すなわち花被になっている萼の下に続く部のくびれたところで、それはやや質の厚い筒をなした花托なのである。すなわちそこが素人には子房のように見え、グミの花は下位子房があると誤認せられるゆえんである。

植物分類学を学んだ人は、その真相がチャント分かっているから問題はないが、いま素人やお子さんたちのために一応それを説明してみよう。

グミの花は筒をなした萼からできていて、それに一花柱ある子房と四つの雄蕊とがそうて一個の花を組み立っている。すなわちその萼は筒をなしていて口部すなわちいわゆる舷部（Limb）が四片に分裂している。そしてその分裂片はその二片が外となり他の二片が内となって、いわゆる植物学上でいう覆瓦襞《フクガヘキ》を呈している。萼の筒部の本の方がくびれて小形となっているが、その部は花托である。その花托の頂が萼筒内での蜜槽となり来客として来る昆虫のため、すなわちわが花粉を柱頭に伝えて媒介してくれる昆虫のために御馳走として蜜液を分泌する。そしてそのくびれの筒内に一つの子房がその花托筒に囲まれて立っており、それは決して花托に合着していなくまったくフリーである。この子房の上端には長い花柱があって萼の口まで延《ぬき》んでいて、その先の方が花粉を受ける長い柱頭となっている。グミの花はよい香気を放ち虫ヨ来い来いと声なしに呼んで招いている。そうするとどこからともなくこの花の香に誘い寄せられて果して昆虫が飛んでくるが、それへの御馳走は前記のとおり蜜槽から出る甘い蜜液である。すなわちこれあるがために昆虫が来るのだ。そこで昆虫学者に尋ねたいのはこの花に来る昆虫の名であるが、今果して調査ができているのかどうか、おぼつかない気がする。

花がすむとその筒をなせる萼の方は凋むが下の花托の方は生き残り、この残った花托が日を経てしだいに大きさを増すのだが、また同時にだんだんとその外部が肉ぼったくなり、はじめは緑色なのがついには熟して赤色多汁となり食用に供せられる。しかしその内壁は硬変して緊密にその内部の果実を包擁している。グミの実を食うとき、核《タネ》（すなわちサネ）のごとく残される部が右花托の硬変部でそれは種子の皮部であるかと疑われる。そして果実も種子とともに右花托硬変部の内部に閉在している。ゆえにグミの実は花托と果実とよりなっているのである。

右の多汁甘味の熟実は、これを鳥類の御馳走に供して食ってもらい、前日花粉を媒介し実のなるようにしてくれた恩返しを今実行しているのである。すなわち実さえできればグミ家のわが子孫が継げるので、その生存にとってはこの実のできるのはじつに重大事件である。

その甘い実を食って御馳走にあずかった鳥は、その花托壁に包まれた果実種子を糞とともにヒリ出して地に落とし、そこにグミの仔苗が生えるのである。私の庭にナツメグとアキグミとの二つが偶然生えたが、これはまったく鳥のお蔭である。今にその樹が生長して実がなりだすと鳥君に対してありがとうとお礼を言上せねばならないことになる。今また私の庭に日本のヤマブドウが生長しつつあるが、これも鳥君がどこかの深山からその種子を腹中へ入れて遠くここまで空中輸送をなし、わが庭へ放下したものである。たぶん二、三年のうちには花が咲いて実がなるかも知れんと楽しんでいる。

グミの樹の体上には枝でも葉でも花でも実でも、すべてに放射紋の鱗甲がこれを被覆して特徴を呈しており、この鱗甲は顕微鏡下での奇観である。

日本にある最もふつうな種はナワシログミ、ナツグミ、アキグミ、ツルグミ、マルバグミである。これに常緑品と落葉品とがあるが、常緑品は秋に花が咲いてその翌年に実が熟し、落葉品は初夏に花が咲いてその年の夏あるいは秋にその実が熟する。

花物語

第一　花を見るときの注意

ハナ（花）は草や木のたいせつな器官で、タネ（種子）を造るところである。そして花の形や色や大きさや匂いなどは、草木の種類によって、まことに千差万別である。ことにウメ、サクラ、ハナショウブ、シャクヤク、サツキ、アサガオ、キクのような培養植物にあっては、特にその花の変形がいちじるしい。われわれは「ああ美しい花だ」「この花は珍しい」といって、花の美醜を判じ、珍奇をもてあそぶことを喜ぶ。けれども花を見るのに、夢でも見ているようにただ漠然と色や形に心を奪われていたのでは、ほんとうに深く花に対する楽しみを味わうことはできない。真に花を楽しもうとするには、どうしても花に関する正しい知識と理解がなければならない。であるから、花を見るときは細かいところまでよくみきわめるように充分に注意をして、花の本体を正しく知るようにしなければならない。そのためには次のような点を明らかにする必要がある。

一、花の付くところ。

二、花に接した葉や茎の状態。
三、花の付き方と開き方。
四、花の部分的組み立て方とその形状。
五、各部分の数と大きさと色と匂い。
そしてこれらの点を、単に見るばかりでなく、それを写生して絵に、もしくは文章に表わせば、さらに一層はっきり知ることができてよろしいのである。

（一）花の付くところを注意してみると、タンポポ、カタクリ、チューリップなどのように葶という特別な茎が出ていて、その頂端に花を付けているのや、エンドウ、アサガオのように葉が茎に付いている元際の上腋から、小さな花茎すなわち花梗が出て、それに付いているものもある。またボタンのように枝の先端に付くもの。サクラ、ナシのように短い枝の先にいくつかの花が簇生《そうせい》するもの。サルスベリ、オミナエシのように茎や枝の先端が、特に細かく分れて小さな枝を出し、その小枝に花を付くるものなど、さまざまであることが知れる。

（二）花に接した葉や茎の状態には、非常に変形したものと、しないものとがある。アザミ、カヤツリグサなどは変形の目立つもので、マツヨイグサ、キキョウなどはその変形の目立たぬほうである。そして、フジ、イネ、トウモロコシ、オミナエシなどはその変形の度合いが少し強すぎて、花序という特別な説明を受けなければ会得ができにくいものとなっている。

（三）　花の付き方のいかんを知るには、蕾から注意して見なければならない。オキナグサ、カワホネのように一茎一花のものは、付き方については別に問題はないと思われるが、それでも正確な知識を得るのには、地下茎におけるその位置を探る必要がある。開き方は、オキナグサにあっては花が半開で下向きとなり、カワホネでは上向きで平開する。また、花がいくつも付くものは、下の方の花が先に咲き、次に上の方の花が咲くものもあれば、上の方の花が先に咲いて、下の方の花が次に咲くものもある。すなわちルリトラノオ、オカトラノオなどの花は下から咲き、ワレモコウ、キンシバイの花は上のものから咲き始めるのである。

（四）　花の部分的組み立て方とその形状とを知ることはまことに大切である。銀杏樹すなわちイチョウは、樹は大きくなり、葉は立派であるが、その花ははなはだ簡単で、種子を造るという目的に向かって、率直にむき出しである。雌花と雄花とに分れて、雌花には種子となるべき卵子というものをむき出しに付け、雄花には花粉を生ずる葯という嚢のようなものをたくさん付けているだけで、花弁などはまったく無い。また、たいていの人が知っているダイコン、もしくはアブラナの花には、紫色あるいは黄色の花弁があり、その外部には緑色の萼片があり、内部には雄蘂とか雌蘂とかいうものがあって、複雑な構造をなし、形状もそれぞれ特異なさまを呈している。がしかし、それらの花の諸器官は、ちゃんと一定した位置をとっていて、決して乱れていない。右のダイコンでも、アブラナでも、またカブやカラシナでも、ナズナ、タネツケバナでもアラセイトウでも、その花を採って験してみたまえ、その四枚ある萼片のうち、外の列の二枚は、その一片が軸に対し、他の一片はそれと向かい合っていちばん向う側に立っている。そして内の列の二枚は必ず外の列の二片の間に位している。また、四枚ある花弁は萼片の間にあるから、みな中軸へ対しては斜め向きになっている。六つある雄蕊の中、長いものが四つで、短いものが二つある。この四つの中、二つが軸へ対し、他の二つがそれに反対している。そして短い二つはその両側にある。中央にある子房はその中を験してみれば、必ずその両側に卵子が付いているが、その一方は必ず軸に対し他はそれに反対している。こんなならび方はどんな枝のものでもみな一ようで、決してよいかげんな位置になっているものではない。

次に花の諸部分の組み立て方、その他を解りやすいように表にして示すことにする（次ページ）。

（五）花の各部分の数や大きさや色や匂いは精確に知らなければいかぬ。萼と花冠との区別が分明しないハス、またはツバキの花の雄蕊のように多すぎて数えきれないもの等もあるが、花器の数は種類によってたいがい一定しているので、花を知るにはそれを調べるのもまた必要なことである。大きさや色や匂いにはかなりの変化がある。わけても色と匂いは花のそれぞれの個性に従って異なることもある。

繰り返していうけれども、花を見るときはどこまでも徹底した見方をせねばいかぬ。精細に見

- 花
  - 花被
    - 萼……萼片
    - 花冠……（花筒）……花弁
      - 花爪
      - 花面
  - 雄蘂……
    - 葯（花粉）
    - 花糸
  - 雌蘂……
    - 子房（卵子）
    - 花柱
    - 柱頭

る習慣さえ持てば、どんな花に対しても興味が湧き出て尽きることがない。花弁の赤や紫をちらと見て満足しているようでは、花に対する真の愛は起こらないし、また自然界の大原動力である生命に触れる機縁も得られないであろう。

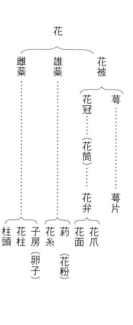

第二　花の姿

古事記という大昔のことを書いた書物の上巻に「ここに天津日高日子万邇邇芸尊《あまつひだかひこほのににぎのみこと》、笠沙《かささ》のみさきに顔よき美人《おとめ》の遇へるに、誰《た》がむすめぞと問ひたまいき。答へ曰《まを》したまはく、大山津見尊《おおやまつみのみこと》のむすめ、名は神阿多都比売《かむあたつひめ》、またの名は木之花佐久夜毘売《このはなさくやひめ》とまをしたまひき」とあって、わが国の神代《かみよ》の頃に、顔よき少女《おとめ》、すなわち美女と花とを並び賞したことが知れる。神阿多都姫《かむあたつひめ》がたいへん美しかったので、別名を木の花が咲いたような姫といったのである。現代でも「花のような美人」などといって、わが国民は一般に花は美しいものときめている。この思想がわざわいして、わが国民の花に関する一般的知識、すなわち常識が進み得ないのである。花ということばのいちばん初めは美しいものを呼ぶ名であったかも知れないが、後世になって「これが花である」とそのものが人々の間に提示されるようになっては、それに関する知識が進むのは当り前で、その知識の中でも最も正確明瞭なのは科学的知識である。であるのに多くの人は、花に関する知識をこの明確な科学的知識によることを喜ばないで、昔のままに情的な判定を貴ぶふうがある。知識は世界的のものである。われわれは固陋《ころう》の弊を打破して、わが国人の植物に関する科学的知識の標準を向上せしめ、世界の大勢におくれないようにしなければならぬ。

世の中にひろく読まれている詩歌や文章の中に、「名なし草」とか、「何も知れぬ美わしき花」とかいう語がちょいちょいあるが、これはたとえ有名な人が書いたものであっても、じつに不見識千万である。偉い人はどんな些事についても忠実でなければならない。しかるに近来、文壇に名を挙げる文豪や、思想の善導を叫ぶ聖賢といわるる人は、自然界の一事物、植物についてすら正確な理解を有していない。まことに気の毒なことである。わが国には、名なし草などという植物は一本もない。どんな微細な草でも、またどんな巨大な樹木でも、みな科学的名称をもって世界に公表されているのである。これは学術上の名称であるから略して学名といい、ふつう呼びなれている名称を和名というのである。和名には一般に通用するものと、一地方だけにしか通じないものとがある。後者を特に方言という。花屋や植木屋が何もよりどころのない名を言いふらすことがあるが、これは「でたら名《めい》」というものである。

「名は実《じつ》の賓なり」といって、物があって初めて名があるのである。どんな草や木でも、必ずその名が科学的に定められているのであるから、草木の名を正確に知るにはぜひとも科学的知識がなければ不可能である。草木の名と花の姿とは深い関係があって、花の姿を科学的に知ることは、草木の名称を正確に知るためにも大切なことである。

花を科学的に見れば、ハナショウブのように顕著にして艶美なものも、アワゴケやフサモのように隠微細小なものも、どちらも花たる資格をひとしく有しているので、その花の美醜顕微は第二の問題である。第一に重んぜられなければならないのは、その花の部分的の形状である。そして、その姿を表現する言葉や文字は一定していて、これを学術的用語、あるいは略して術語というのである。次に花の記相を述べるが、術語はそのおりおりに説明して、花に関する科学的興味をもあわせ記することにしよう。

第三　花の記相

われわれは人をみるときに、第一番に注意するところはその人の顔である。この心理作用はわわれわれが草木に接するときにも同様に起こって、花に対して最も強く心をひかれるのである。それゆえ、花がない草木はだれでもほとんど見向きもしない。また、花があっても顕著でなければその花を見逃しやすいのである。人間の顔の道具立ては、眉目耳鼻口額頬頤などからできていて、その一つが欠けても奇怪な顔となるが、花の道具立ては一定していない。しかし標準となる道具立てはあって、六つの部分から組み立っている。すなわち苞、花梗、萼、花冠、雄蘂、雌蘂などがそれである。が、これらの六種の道具立てを完全に具備している植物は無論多いが、あるものは苞や花梗を欠き、またあるものは萼を欠き、あるものは雄蘂を欠くという有様である。そしてあるものは特別の道具立てを余分に着けていることもある。

われわれは最も親しく見なれている人の顔を、言葉や文字、もしくは絵画をもって充分に表現しようと試みても、なかなか自分の思うようにはできないものである。そればかりでなく、見落としているところや、知りようのないところなどに気が付くものである。きまりきった人間の顔でさえそうであるから、まして千差万別の花の形状を十分に再現しようとするには、ていねいに、よく見きわめなければならぬものである。花の形状、色彩等を文字もしくは絵画に表わすことがすなわち花の記相である。花の記相とは、人間でいえば人相書のようなものである。そして科学的記相には必ず要点が定まっており、また用語も定まっているものである。次にこれらの説明をしよう。

一●──苞

花に接して付いている変形葉で、ふつうの葉が変わって萼になるその中間のものである。マツヨイグサ、ヤナギソウなどでは下部の花は葉腋に生じ、だんだん上に進むに従って花に接する葉がふつうの葉よりも小さくなり、形も変わってゆくのが知れる。キュウリグサなどでは、花が進むに従って花梗を擁する葉がだんだん小さくなって、ついになくなってしまう。これらの実例によって、苞は、ふつうの葉の変形物であることはわかるが、その変形の度合いがはなはだしいもの、または複雑になったものにあっては、花の部分と考えられて、ふつうの葉とはよほどかけ離れたものもある。また、苞は草木の種類によって生じないものもあるし、早く脱落するものや、ずっと後まで残っているものもある。しかし、苞は一枚の葉に相当するもので、一群の花を擁するもの、ただ一つの花をまもるもの等の別もある。また苞とは名ばかりで、蕾をまもる働きもなさそうな細微なものもある。しかし苞をもっている花を見れば直ちに、腋生すなわち葉の腋に生じたものであることが合点されるのである。

特殊の形状をしている苞には、次のようなものがある。

(イ)仏焔苞　または篦状《へいじょう》苞ともいう。テンナンショウ、ウラシマソウ、カラスビシャクなどの肉穂花を包擁する異形の苞はその好い例である。またバショウ、シュロ等のように一群の花を数枚の葉で包擁する場合にもこの語が用いられる。

（ロ）総苞　三つ以上の苞が輪のように、もしくは螺《ら》状に密生して、一花もしくは一群の花を擁するものをいう。ミスミソウの花で萼のように見える緑色の三小片は総苞である。アザミ、ヨメナ、タンポポなどの花の下部にたくさんの緑色の小片がかさなり合っているが、これも総苞である。またヤマボウシ、ゴゼンタチバナなどの花部に白色四片の花弁のようなものがあるが、これも総苞である。

（ハ）小総苞　ニンジンなどに見るように花部の組み立てが重複しているとき、その二番目の総苞をいうのである。

（ニ）小苞　ミミナグサなどの花部に見るように、苞を有する花の花梗に、さらに生ずる二番目、三番目の苞をいうのである。

（ホ）稃　支那音は稃《ホヲ》であるが、通常稃《フ》と呼んでいる。イネの花の小舟形をしている二片がそれである。

（ヘ）鱗状花　軸もしくは花床に生ずる微細な苞、または小苞のことである。ヒャクニチソウには小花を擁する微細な鱗状苞がある。

（ト）穎　字音に従って穎《エイ》と呼んでいる。オオムギ、カヤツリグサなどの花部にある細小片で、いわゆる小穂の下部を占むる二片をいうのである。苞または小苞の特異なもので、これをそなうる花を特に穎花という。

二●──花梗

一つの花の支柄、または一群をなす花の総柄をいう。そして花梗はふつう葉を着けないもので、その一変態と考えられるのである。

（イ）**小花梗**　一群をなす花において、一つ一つの花を支える小柄を、その総柄に対して呼ぶ名である。花の配置が重複して、花梗から小花梗を分かち、小花梗からさらに小花梗を出して花を着けるような場合は、最後に花を着ける柄にのみ小花梗の名を付けて、その中間のものは第二次花梗、第三次花梗の名で呼ぶのである。

（ロ）**葶**　サクラソウ、スイセン、ヒガンバナなどのように地下部から出ている花梗をいう。葶はまったく葉を着けない。

（ハ）**花軸**　フジ、ナンテン、ヤツデなどの花穂において、中軸のように延長した花梗をいう。

（ニ）**花床**　キク類の頭状花に見るごとく、多数の小花を着ける盤状の部分をいう。これは多数の花を着ける花軸かまたは茎が、極度に短くなったものと考えられるので、一つの花においても、その花の基底はやはり極度に短縮した茎と考えられるから、この場合にも花床という。

（ホ）**腋生梗**　蕾と芽とはもと同じ器官であるから、生ずる場所も同じである。この語は葉腋から生じたことを示すのである。

（ヘ）**頂生梗**　茎もしくは枝の頂端に生じたことを示すのである。

（ト）無梗　または無柄。一花もしくは一群の花において、花梗がない場合をいう。

三●——花序

茎または花軸において、花がどういう具合に配列されているかを示す語である。花序は茎の分れ方、葉の付き方、および葉腋などと関係が深いものである。

（イ）有限花序　枝の先もしくは各花軸が、順次にその頂端へ花を付けるものである。ミミナグサなどに見る聚繖《しゅうさん》花序はこれに属する。

（ロ）無限花序　どこまでも伸びる花軸に、もとの方から頂端の方へと咲き進むいわゆる求頂的な咲き方、あるいは周囲から中心に向かって順次に咲き進むいわゆる求心的な咲き方をいう。そして小花梗があるものには総状、繖房、繖形などの別があり、小花梗がきわめて短いかあるいはまったくないものには頭状、穂状、また変態のものには葇荑《じゅうてい》、肉穂などの別がある。総状花はこの花序の代表として解りやすいものである。

（1）総状花　フジ、ウワミズザクラ、キミカゲソウなどの花穂におけるように、花軸のもとの方の花から順次に頂端の方へ咲き進み、頂末の蕾はもとの方の老花からはるかに伸び出ている。

（2）繖房花　シモツケ、ガクアジサイなどのように花軸がわりあいに短く、下部にある小花梗がわりあいに長く伸びて、これら頂端が平らに揃っているか、凸形をなしているものをいうのである。花軸が短くなって、小花梗が伸び拡がった総状花と見ることもできる。であるから、花は周囲から中心へと順次に咲き進むのである。

（3）繖形花　ヤツデ、ニンジン、ハナウドなどに見るように、小花梗が傘の骨のように花梗の頂端から拡がって出たもので、そして、苞は節間が発達しないために一所に集まって総苞となるにいたったのである。

（4）頭状花　タンポポ、ヒマワリ、ヒャクニチソウなどのように、花梗もしくは葶の頂端にたくさんの小花が集まって、一つの花のように見えるもので、総苞は萼と間違えられやすい。昔の植物学者はこういう花を擬花と呼んだことがある。われわれがもしこれらの頭状花を一つの花であると思って「タンポポの一輪を摘む」などといおうものなら百年も前に出版された植物学の書物に笑われなければならない。この花序は繖形花がいっそう変形して、小花梗がほとんどなくなってしまったものと考えられる。

（5）穂状花　オオバコ、イノコズチなどのように、長く伸びた花軸のまわりに小花梗のない花が着生するので、総状花または頭状花の一変態と考えられる。もし小花梗があるとしても、それは必ずごく短いものである。

（6）肉穂花　カラスビシャク、テンナンショウ、ウラシマソウなどのように、肉質または肥え太った花軸が延長してそのまわりに花梗のない花が着生するもので、穂状花または頭状花の一変態と考えられる。これはテンナンショウ科およびシュロ科植物に限られて呼ばれる名である。

（7）葇荑花　クリ、シラガシ、シイ、ヤナギ、クマシデなどに見るように、鱗状苞の発達した穂状花で、雄花のものと雌花のものとがある、花がすんで果実となっても多くは全体のままに残り、脱落して別々に離れないことが他の花と異なっている。

（8）円錐花　タケニグサ、ホザイシモツケなどのよく発育したものに下部の小花梗がさらに小花梗を出して第二次花梗となり、上部の小花梗はもとのままでその全形が円錐状になったのがある。これを複総状花といって、同じ系統の花序が複合したのであるが、円錐花には、禾本科植物のように穂状花が総状花のように重複するものもある。これは異系複合によるもので、次の聚繖花にもその例がたくさんある。

（ハ）聚繖花序の諸相　聚繖花は有限花序に属するものであるが、その花梗が順次に幾つもに分れて無限花序のように発達し、花序と花序とが重複する場合が多い。それを複合花序といって、聚繖花が同系複合すれば複聚繖花となる。ナデシコ、ミミナグサなどがその例である。そして第一次の花梗のいちばん上の葉腋から新たに小花梗を出すときは、その葉から上の、葉も苞もない部分を小花梗と呼ぶのであるが、その新しく出た小花梗はさらにその葉、または苞の腋から第二次の小花梗を新出する。この場合その第二次小花梗を支持する第一小花梗の葉または苞の下部を改めて花梗と称し、その上部の花を着ける無葉無苞の柄だけ小花梗というのである。これは一般の複合花序に共通なことである。聚繖花の複合花序には次に述べるようないろいろの変態がある。

（1）小聚繖花　単純な聚繖花または複聚繖花の一部分で、ただ一度しか花梗が分れないものをいうのである。

（2）団集聚繖花　ヤマボウシ、ゴゼンタチバナなどのように、花梗が極端に短くなって、人間の頭のように、もしくは毬《まり》のように丸く集まったものをいうのである。この集まり方のややゆるいものを束集聚繖花と呼んでいる。

（3）総状聚繖花　また偽総状花ともいう。アカナス、キュウリグサの花序はちょっと見ると総状花のようであるが、花梗が継軸的で、その発育の実状を見れば聚繖花であることがわかる。モウセンゴケにもその例は見られる。

（4）偽繖房花　ベンケイソウのように繖房花のように見えるものは、聚繖花が複合した一変態で、繖房状聚繖花とも呼ぶべきものである。

この他にもまだいろいろ変わって複雑になり、正確に判定するにはなかなか面倒なものである。オドリコソウ、ウツボグサなどの輪生花を見ても、聚繖花序の変形の多いのに驚くのである。

四●——花の前と後、右と左

マツヨイグサのごとく顕著な苞をそなうるものについて、苞を前とし花軸を後として花を見下ろした位置を記憶して、苞に面する方を前面とし、花軸に面する方を後面というのである。そして後面を上面ともいい、前面を下面ともいう。しかし表裏とか背腹などというのとは別であるから注意されたい。また、左右を定めるには苞を正面にして、われわれの右手に当たる方を右といい、左手に当たる方を左とするのである。が、花の前後左右ということは絶対的なものでないから思い違いをせぬようにしなければならぬ。

五●――つぼみ

発育して花となるべき幼いものが、蕾である。

芽と蕾とはまったくべつのもので、ソメイヨシノなどの芽と蕾とを注意して見るときには、芽からは枝や葉が伸び出し、蕾は花と現われることが知れる。そして芽と蕾とは初めは大そうよく似ている。このことから花は枝が変わったものであるということが考えられるのである。

六●――はな

花は一つの軸または軸の頂末の部分で、特殊の形をした葉を付けているもので、その変形葉すなわち萼とか花弁とかは、ふつうの葉の営養作用の代りに、有性生殖作用に役立つのである。語源からいえば花は形によったものであるが、植物学上ではその働き、すなわち生理的作用を考えに入れた語として広い意味に使用されておるから、形によって花とはこのようなものであると定めるわけにはゆかない。しかし、花とはどんなものであるかを知るには、形において諸部分が完備し、学術的には簡にして明なる花を選び、これを代表的実例としてみるがよい。そして他は類をもって推し知るのである。

七●――花蓋（花被）

ヤマユリ、カノコユリ、ノカンゾウなどの花において、その最も美わしい弁状のものを総括して花蓋といい、その一枚は花蓋片という。そして各花蓋片はほとんど同形同色で、萼とか花冠とに区別できないものである。しかし、それらの付き具合やその他の点の違いによって、内側にあるもの外側にあるものと区別できる場合には、外花蓋と内花蓋とに分けることがある。なおまた花被という名によって、萼と花冠とを総括することがある。そして萼ばかりがよく発達して花冠のように見えるもの、例えばオキナグサにおけるがごときも単に花被と呼ぶことがある。花蓋と花被とはもともと同質のものであるが、花蓋は単子葉植物の花の場合に多く用い、花被は広い意味で一般に使用する。

八●――萼

ウメ、モモ、スミレまたはアブラナなどに見る花のように花の組み立てが複雑で、萼、花冠、雄蘂、雌蘂の四層に分かつことができる場合に、最も外層にあるのが萼である。花被の一種で、底部が合着したもの、またはまったく分離したものなどがある。分れている一片は特に萼片という。ふつうには次の花冠よりも小さくて、かつみすぼらしいが、ある種類では、オキナグサのように、形も大きく、かつ目立って変わった色を帯びているものもある。ケシなどでは花が開くととすぐ萼だけは早く散ってしまうが、ホオズキなどでは花が終わってから、かえって大きくなり、果実を包んで美しい色を帯びるようになる。

九●――花冠

ふつうでは、花の造作のうちで最も目立ち美わしいもので、萼の内部にある。サクラの花などは花冠を見て人々が騒ぐのである。一般に花冠は優しく美わしいものであるが、例外もある。また種類によっては花冠がないものもある。ツツジ、キキョウ等の花冠は合着しているが、サクラ、アブラナなどのものは分離している。分離する花冠の一片を花弁と称する。花の美しい色、香りよい匂い等はおもにこの花冠にあるのである。そして花冠はその色や匂いで昆虫を誘惑して、花粉を運ばせるに役立つのである。

十●――雄蘂

雄性器官ともいう。花の重要な器官の一つで、雄性を帯びている。ウメ、モモなどの花を見ると、黄色な小球を着けた糸のようなものがたくさんある。これが雄蘂《おしべ》である。アブラナなどではわずかに六本あるばかりで、よく見分けられる。この糸のような部分は、花糸といって柄の役目をする。種類によって花糸のないものもある。小球上または長楕円状をしている小さな嚢は葯と称して、ふつう二室に分れ、側部が縦に裂けて中から粉のようなもの、すなわち花粉を吐き出すのである。葯は草木の種類によってさまざまである。

十一●――雌蘂

雌性器官ともいう。ウメ、モモ、アブラナなどの花の中央に乳棒の形をした小体が直立している。これが雌蘂《めしべ》である。その内には種子となるべきものが蔵され、成熟すれば果実となるものである。雌蘂の下部が少しふくらんで、内は室のように空いていて、そこには将来種子となるべき卵子が蔵されてある。それゆえこの部分を子房という。子房の上部が伸びて柱のようになっている。この部分が花柱である。花柱は草木の種類によってないこともある。アブラナなどはあっても比較的短い。そしてその頂端に粘っている部分がある。ここを柱頭といって花粉を受け入れる大切なところである。雌蘂は葉の変形したもので、もとが一枚の葉であると思われるものを一心皮といい、一室子房の雌蘂は多く一心皮よりなり、二室子房のものは二心皮、三室子房のものは三心皮から成り立っているものが多い。雌蘂は一つの花の中に、一個のもの、二個のもの、ないし多数のものなどいろいろある。みな草木の種類によって異なるもので、ウマノアシガタなどは多数の雌蘂をもっている。

十二●――花床

茎の頂端に相当するもので、前に述べた萼、花弁、雄蘂、雌蘂を着けておるところを花床という。花序の話の内で頭状花の花床のことを述べたが、あれはいくつかの花を着けるもので、ここにいう花床は一つの花の一部であり、また土台となっているものである。ふつうにはこれを花托といっている。

十三●——花部の変態

ツバキの蕾の開きかかったものを摘み取って、外側から鱗片状のものを一枚一枚剝ぎながらよくみるときは、萼とも花冠ともつかないその中間物のようなものを見つけることがある。カニノツメというサボテン類のものの花にもこのようなことが見られる。花の諸部分が葉の変態であることはこうした実例によって証明され、ふつう、葉……苞……小苞……萼……花冠……雄蘂という順序で変態が進むことはいろいろの花によって知られる。ロウバイなどの花では萼と花冠との区別ができにくくなっている。そして変態のはなはだしいものに狂い咲きということがある。その実例はアサガオ、シャクヤク、ハナショウブ、サクラなどの園芸品に多数ある。ケシなどの花では雄蘂が花弁のようになったものがいくらもある。フゲンゾウという八重咲きのサクラの雌蘂は緑葉に変わっている。

十四●——等勢花

コモチマンネングサなどの花器を見ると、萼片五、花弁五、雄蘂十（五と五）、雌蘂五あって、花弁は萼片に互生し、雄蘂の外側の五つは花弁に互生し、雌蘂は雄蘂の内側のものに互生している。そしてこれらは一定の基数に従い、花器が全備し、両性がよく発育している。そういうのを等勢花といって、これは等勢花の見本として申し分がない。また花器の各部の数がそれぞれ同じものを同数花という。

十五●——端正花

イワレンゲ、ナス等の花におけるごとく、花器の各部すなわち萼、花冠、雄蘂、雌蘂の一部の器官を組み立てる一つ一つが、前後左右いずれの方面にも同形なるものをいう。各部の数にかまわないところが等勢花と異なる点である。

十六●——全備花

標準となる花の四器官すなわち萼、花冠、雄蘂、雌蘂を全部一つの花に具備するものをいう。アブラナ、ウメ、ツツジなどの花はみなこれである。

十七●——花器構成の基数

花の各部すなわち萼、花冠、雄蘂、雌蘂のそれぞれの員数は、草木の種類によってある数を基《もと》としている。例えばオニユリは三、イワレンゲは五というように各部の員数に共通の基数がある。しかし、例外のものもたくさんあって、キツネノボタン、モクレンなどの各部、バラ類の雌雄蘂のごときは定まった基数がわからない。また、極端なものにはスギナモの花のように萼や花冠が不明で、一雄蘂一雌蘂をそなうるだけのものもある。しかしてアブラナの花では二を基数とし、オニユリの花では三を基数とし、ベンケイソウの花では五を基数としている。このことは花を見たり記相をなす場合に必要なので、一の数を基数とするものを「一数出花」といい、順次に二数出花、三数出花、四数出花、五数出花、というのである。すなわち花器の各部が二の数に出る、三の数に出るという意味である。

十八●――模型の花

花は特に短縮した枝の頂端に、変態せる葉が環状または螺状に着生して並んでできたものであることを明らかに表わし、そのうえになお、花器の等勢、同数、端正、全備等の諸条件をすべてそなうるような自然花はなかなかない。これは理想的のものであって、一つの模範的型である。例えば五数出の花においては、萼片五、花弁五、雄蘂五、雌蘂五、各部が分立してそれぞれの位置を占め、特殊の形をなして離生し、花弁は萼片に互生にし、雄蘂は花弁に互生し、雄蘂は雌蘂に互生するのである。そして各部の一つ一つはそれぞれ前後左右に形、大きさ、色などが同じなのである。このようなものは花の構成を理想的に示す模型であって、一面においては代表的花の構成である。

十九●――同数雄蘂花

または「単出雄蘂花」ともいう。アヤメ、カキツバタなどの花では雄蘂が三個あって、花の構成基数と同数である。すなわちこの語は基数と同数の雄蘂を有することを示すのである。

二十●――重出雄蘂花

オニユリの花には雄蘂が六個あり、ベンケイソウの花には雄蘂が十個ある。オニユリの花の構成基数は三で、ベンケイソウの花の基数は五である。そして雄蕊は二重になって互生し、外圏のものは外花蓋片あるいは萼片と対生し、内圏の雄蕊は内花蓋片あるいは花弁に対生している。すなわちこの語は花の基数が重出した雄蘂を有することを示すのである。

二十一●――花の変態法

花がどれもこれもみな模型の花のようなものばかりであったなら、われわれは花に対して愛着の念を起こさないであろう。しかし、実際においては花の変態があまりに激しくて、これでも花かと考えさせられるようなものが多い。そこでわれわれは理想的に花の標準となる型を造り、この模型の花に照らし合わせて、それぞれの花の変態の有様を知るのである。そして変態の起こりぐあい、すなわち変態法は大略次のようである。

(イ)**合着法**　朝顔の花冠のように同一器官が癒着することで、同一器官が二圏になっておれば同じ圏内のものだけが癒着すること。

(ロ)**着生法**　異なれる花器、もしくは同一花器の異圏のものが癒着すること。

(ハ)**歪成法**　同一花器もしくは同圏のものが、形や大きさが不揃いとなり、あるいはゆがんで癒着し、偏形を呈すること。

(ニ)**退萎**　退滅法ともいって、模型ではあるべきはずのある部分が現われないこと。

(ホ)**倒置法**　重襲法ともいって、相接する異圏のものが互生しないで対生すること。

（ヘ）増数法　倍増法ともいって、いくつかの圏、もしくはある一つの圏における器官の数を増すこと。
（ト）局外成長　器官の前面、ときには後面から特殊の成長をなすこと。
（チ）花床あるいは花軸の特殊の発達。
しかし、これらの変態法は一花に一法だけ起こる場合もあるが、多くの場合は一花にその数法が起こり行なわれているのである。その重要なものだけを次に説明する。

二十二●――端正なる合着法

同一圏内のものだけが癒着する場合はきわめて多く、その程度にもさまざまある。底部だけのもの、半ばまでのもの、また全部が癒着するものもある。もし合着した一つ一つが全部均等に成長して端正な形をしている場合は、「端正なる合着法」が行なわれたのである。コナスビ、トウガラシの萼、キキョウ、アサガオの花冠、キク類の雄蘂、オトギリ、ビョウヤナギ、セキチクの雌蘂などみな端正なる合着法が現われている。

二十三●――異質器官の着生法

異なれる花器が癒着することである。花はまずだいいちに花床に他の器官が着生したものであって、さらに萼に花冠が着生するもの、雄蘂が着生するもの、雌蘂が着生するもの、また花冠に雄蘂が着生するものもたくさんある。そしてその着生の程度にも種々あるが、大略次のように区別される。

（イ）下位着生　オニユリの花のごとく子房が花床の最頂部を占め、その下に順次に雄蘂花冠、萼（もしくは花冠）などが列を正しく分立して、模型の花のように付いていることを示すものである。
（ロ）同位着生　雌蘂の周辺に他の器官が着生することを示すもの。
（ハ）上位着生　クサボケ、アヤメなどの花のように子房がぜんぶ花床の内に没して雄蘂、花冠、萼などが雌蘂の上部に着生するように見えることを示すものである。
（ニ）上位生　ある器官が他の器官の上位に着生することを示すもの。例えばベンケイソウの子房は他器官の上にあるから上位子房というのである。
（ホ）下位生　ある器官が他の器官の下に付いていることを示すもの。例えば、アヤメ、ザクロの子房は下位子房である。

二十四●――同一器官の歪成法

同一圏内のものの大きさが不揃いとなり、あるいはゆがんで癒着し、偏形を呈することがある。サワギキョウ、スミレ、エンドウなどはその例である。エンドウの花はその形が蝶に似ているより今は蝶形花と呼ぶが、古くは蛾形花と呼ばれていた。すなわち雌蘂は一本で他の器官は五数出の等勢を現わし、上面の一花弁はことに大きくこれを旗弁といい、次の左右にあるに二花弁はやや小さく色も変わっていて翼弁という。そして下面の二花弁は翼弁に覆われながら、多少合着して船首のような形をしている。これが竜骨弁である。このように五枚の花弁は不揃いに発達して奇形を呈している。萼は歪成の度が低く不揃いの合着によって上面の二萼片が他の三萼片よりも高いところまで合着している。雄蘂は十本あるが上面の一本だけ合着にもれて、他の九本は花糸の基部で一体に合着し、これらの十本で雌蘂を囲んでいる。スミレの花は下面の花弁が特にいちじるしい変形をなし、その基部に距という蜜が入っている嚢のようなものを持っている。

二十五●――器官の滅失

オキナグサの花のように、花冠のあるべき位置に花冠がまったく見えぬものや、アケビの雄花のように、雌蘂はあってもその発育がきわめて不完全なものや、ヒエンソウの花弁のごとく五数出の構成であるべきに、前面の一花弁が滅失しているもの、またはキササゲの花のごとく花の構成は五数出であるのに、その雄蘂は完全なものは二個だけで、他の三個は発育不完全でみすぼらしい、というようなこれらのものについて、われわれは器官の退萎、または退滅という術語を用うるのである。そしてこの二語の明確な使い分けは、ただ極端な場合にだけできるので、そのどちらにもつかないものには都合が悪い。

「退萎」とは器官の発育が不完全で、持ち前の機能を働かし得ぬもの、あるいはただわずかにその痕跡をとどめるものをいう。

「退滅」とは器官があるべきはずの位置にまったくない場合、または予想の位置に痕跡をとどめるような場合をいうのである。

二十六●——ある器官全部の退滅

ある退滅した器官を見付けるのは、「指隠し」という遊びの隠された指をいい当てるようなもので、尋常の組み立てを心得ていなければ見当のつけようがない。ホウレンソウには種子ができる草とできない草とがある。種子のできない花穂から一花を摘み取ってよくみると、花の中央に雌蘂がない。どうしてここに雌蘂がないかと考えさせられる。よく調べれば雌蘂全部が退滅してしまったのであることが判定される。ある器官全部の退滅には次のようなものがある。

（1）不備花　花器のあるものがなくなっているもの。すなわち模型花と比較してある器官が欠けている場合にいう。

（2）無弁花　花冠、すなわち内花被が欠けているもの。例えばオキナグサ、カンアオイのようなものである。

（3）一輪花　単花被ともいって、無弁花と同じであるが、ただ花被が二圏あるもの、すなわち両被花に対して一輪花というのである。

（4）無被花　裸花ともいう。カタシログサ、ドクダミのように花被をまったく持っていないものをいう。

（5）単性花　雄蘂、または雌蘂が退滅して、その一方しかないものである。雄蘂と雌蘂とをそなえてあれば、それは両性花である。そして完全な雌蘂を欠いて雄蘂だけが完全に発育しているものを雄花といい、完全な雄蘂を欠いて雌蘂だけが完全に発育しているものを雌花というのである。

（6）一家花　草や木の同じ一株に雄蘂と雌蘂とが別々の花に生ずるもので、一軒の家に男と女とが住んでいるようなものである。その家を男女同棲というように、その草木は雌雄同株と呼ぶ。例えば、キュウリなどがそうである。

（7）二家花　同じ種類の草木で、一株の花には雄蘂のみ生じ、他の株の花には雌蘂のみ生ずるものをいう。例えばこちらの家には男ばかり住み、あちらの家には女ばかり住むようなもので、その家を男女別居の家というごとく、その草木を、雌雄異株と呼ぶ。ホウレンソウ、アオキなどの花はこのよき例である。そして雄花のみ着くるものを雄本といい、雌花のみ着くるものを雌本という。

（8）雑居花　多家花ともいって、一株の花に雄蘂のみ有するもの、雌蘂のみ有するもの、雌雄蘂もともに有するものと、三種ある場合をいう。アオギリなどがそうである。

（9）中性花　雄蘂も雌蘂もともに不完全、もしくは退滅して、花被のみで花の形を保つものをいう。バイカアマチャの無蘂花、テンニンギクの舌状花などはその例である。

（10）登花　種子を生ずる花のことで、主に雌花をいう。

（11）不登花　種子を生ぜざる花のことで、おもに雄花をいう。また雄蘂の葯に花粉を生ぜざる場合に不登雄蘂ということもある。

二十七●——退滅せる花被

オキナグサ、イチリンソウ、カザグルマなどの花冠は退滅して、萼が花冠のようになっている。オミナエシ、アカネなどは萼が退滅して花冠だけが発達している。ノブキ、タカサブロウなどには萼がまったくないけれども、アザミ、ニガナなどは萼が変わって花冠のまわりに細い毛となっている。カタシログサ、ドクダミなどの花では花被がまったくない。そしてスギナモの花は非常に小さくて拡大鏡で見るほどであるが、花被はまったくなくて、雄蘂もただ一個子房の上に着生している。

二十八●——雄蘂あるいは雌蘂退滅

ホウレンソウの雌花では雄蘂がなく、それと同時に花被もなくなって小苞が花被の役目を務めている。クロモジ、コウモリカブラなどの二家花では花被の退滅は見ないが、ヤナギ類、タカトウダイ類の花では、雄蘂や雌蘂の退滅と同時に花被も明らかに退滅している。ネコヤナギの雄花は雌蘂がなく、一片の小苞と二雄蘂とがあって、花被は雄蘂の基底に花被の痕跡と思われる疣《いぼ》のような小体がある。雌花は雄蘂が退滅して一雌蘂一小苞よりなり、花被の痕跡と思われる小体は子房柄の基底に付いている。タカトウダイ類の花も、一雄蘂、一小苞で一雄花をなし、雌花は単に一個の雌蘂があるばかりである。

二十九●――雄蘂および雌蘂の退滅

ヤブデマリ、オオデマリの花には雄蘂も雌蘂もともに完全な発育をしないのがあり、ヒマワリの舌状花も雄蘂と雌蘂とを持っていない。このように雄蘂、雌蘂とがともに退滅した花を中性花という。また雄花のように不登花ということもある。ニワザクラ、クチナシなどの八重咲きの花も中性花となり、その他培養せる園芸品の八重咲きのものに中性花は多くある。ギンバイソウ、ヤブデマリ、テンニンギクなどの中性花を見ると、一個のごとく集団せる多数の花を、いっそう目立つようにする役目を持っているものと思われる。

三十●――正規的互生法の中絶

ブドウ、クロウメモドキなどの花では花弁に雄蘂が対生している。同数端正の花においては正規として萼片に花弁が互生し、花弁に雄蘂が互生し、雄蘂に雌蘂が互生しているはずであるのに、このブドウでは萼片は不分明であるが、雄蘂は明らかに花弁に対生し、雌蘂の子房をしらべるとその各室、すなわち心皮の位置は雄蘂に対しておる。これは正規的な互生法が中絶して対生となったのである。花の構成を知るには、こういう細かい点まで見逃してはならないもので、この変態を説明するにはなお幾多の実証を挙げる必要がある。仮説によれば雄蘂の第一列が退滅して、第二列のものがそのまま前に進み花弁に対生するようになったものといい、また花弁の最も内側のものが倍に増して、その半分は花弁となり、その半分はこれに対生する雄蘂となって、雄蘂の第一列を表わすともいわれている。前の場合は倒置法で、後の場合は重襲法である。

三十一●――花器の増数

シキミ、シュウメイギクなどの花被、オキナグサ、フクジュソウなどの雄蘂雌蘂は常規の数の何倍かになっている。その増し方が螺形に層を重ねたようになっているので、これを規律的増数法という。また、モクセイソウの花弁、ゼニアオイの雄蘂、イシモチソウの花柱などはあり得べき数以上に増している。これらは一つの花弁や雄蘂や花柱がいくつにも分れたもので、分枝倍数法というのである。

三十二●――局外生長

センノウの花弁にある舌のような形をした小片や、トケイソウの花冠の内部にある紫色蛇の目を呈する細片のごときは花冕《カベン》と呼ばれているが、それは花弁や花床の局外生長によってできたものである。

三十三●――花床の諸相

花床のふつうの形はベンケイソウなどのように、花梗の頂端が少しふくらみ頭のように圧縮していて、種々の花器が付く場席である。ところがモクレン、コブシなどは雄蘂と雌蘂がその数を増しているために、その座席に要するだけ、花床が特に延長している。またオランダイチゴ、ノイバラなどは雌蘂だけ特に多数の座席に要するので、オランダイチゴは凸起し、ノイバラは凹陥して花床の面積を拡げている。変形した花床の中でもハスの花は珍しい。独楽形をした花床は、その平坦な頭部に十数個の小穴があって、その中に一個ずつ雌蘂を持っている。これが果実となったときには特に異彩を放って蜂の巣をさかさにしたような形となり、一個一個の果実は蜂のさなぎのごとくに思われる。またフウチョウソウの花は、花冠と雄蘂との間に一本の支柱を出して、その先に雄蘂を付けている。これは花床を形づくる節間の一つが特に延長したものと見られる。マンテマの花床は萼と花冠との節間が延びているし、フウロソウの花床は中軸のように変形して、それに五個の雄蘂が着生して一体のようになっている。また花床はヘンルウダやクロウメモドキのごとく腺状の花盤に変ずることもある。そして花のときはその変形がさほど目立たなくて、果実になってからいちじるしく目立つものがたくさんある。ナシ、リンゴの多肉の部分や、ザクロの果皮と思われる美しい部分はみな花床の変形物で、その果実はこれに包まれ、それに合体している。

三十四●――風媒花

三、四月頃のよく晴れた日に、杉森から黄色い煙のようなものが吹き出すことがある。これは杉の花粉であって、もし試みにその一枝を折り取って振ると、黄色の細粉が飛び散るのを見ることができる。また八月頃アサの雄本に注意をすれば、晴れた日中に煙のように花粉の飛び散るのが見られる。この風によって花粉が運ばれるものは他にもたくさんあって、タケ、ムギ、ススキ、オギ、オオバコ、イラクサ、ヤブマオウ、カヤツリグサ、ハンノキ、アカマツ、イチョウ等はみなその仲間である。これらの花は一般に多数集合していて、立派な花冠を欠き、香気もあまい液もない。そして花糸は細長く花の外に抽きでて、花粉は滑らかで粘りけがなく、さらさらとして軽く、比較的多量にある。また花柱は羽毛のような形をしたものが多く、柱頭が刷毛のように、細かく裂けているものもある。これらは風媒花といわれるもので、両性花もあるが、単性花なのが多い。風媒花の葯は空気が乾けばよく開き、湿れば開かぬのがふつうである。また雄蘂の柱頭や花柱は空気が乾けば充分に拡がって湿りを帯びるのがふつうである。これは飛んで来る画像を捕えるのに都合のよい仕掛けである。

三十五●――虫媒花

アブラナの花ざかりのときに、多数の蝶や虻の類が花に寄り集まって飛び交うのを見る。またレンゲソウの花にはよく蜜蜂が後脚に花粉を付けているのを見受けるし、オニユリの花にはアゲハノチョウがその細長いくちばしを差し入れて、あまい液を吸いながら翅を振っていることがある。そしてこれらの蜜蜂やアゲハノチョウは一つの花にばかりいるのでなく、甲の花から乙の花へ、乙の花から丙の花へ転々として花から花へ移り、蜜を吸ったり、花粉を集めたりしている。このときに甲の花粉は乙の柱頭に運ばれて、乙の実を結ぶのを助けるのである。蜜蜂が花を尋ねまわるときにはたいてい同じ種類の花ばかりに行くので、甲の花粉を乙の柱頭が受け入れるには、蜜蜂などは最も都合のよい運搬者である。かように虫という媒介者によって、受精作用をなし、種子を生じ得る花を虫媒花といっている。虫媒花は一般に萼や花冠すなわち花被が立派で、美しい色を帯び、また花に特殊な匂いがあり、あまい液を分泌するもので、花粉も、粘りけがあったり、種々の突起があって、虫の体に付きやすくなっていたりする。それに、柱頭には粘液があって、花粉を付けるのに都合よくなっているものである。であるから花粉を具合よく運んでくれる適当な虫がいない場合には、種子を生ずることができないこともある。虫の習性や形状は種々様々で、それらの虫によって受精の便を得、種子を生じて蕃殖する草木の花、すなわち虫媒花の形状、色彩、分泌物などもじつに千姿万態である。けだし虫と花との関係はきわめて興味あるものである。

三十六●——異花授粉

風媒花や虫媒花は、一つの花の中に雄蘂と雌蘂とを完全にそなえている両性花にもあることで、自花の花粉を他花の柱頭に授け、自花の柱頭には他花の花粉を受けるのである。二家花における雄本の花は、花粉を授けるだけで自体には種子を生ずる働きがない。けだし異花授粉としては最も徹底したもので、自花授粉の恐れがない。このように受精作用にはまったく別な花の花粉を受けることが必要なのである。ところが、スミレ、ホトケノザ、ミヤマカタバミなどの花は閉鎖花といって自花授粉を行なって種子を生ずるのである。これは両性花としてまことに消極的である。両性花の積極的活動は異花授粉を完全に行なうことで、一つの花において雄蘂と雌蘂との成熟するときを異にするもそのためである。

三十七●――雌蕊先熟

ウメの蕾がほころびかけたときに、淡緑色の粘りけある小体がそのほころび口から少し現われている。これは雌蕊の柱頭で、このときはもう花粉を受けるのに適当なだけ、ほどよく成熟しているのである。ほころびかけた蕾というよりは開きかけた花という方がよいかも知れない。わずかばかり花冠のしまりがゆるんで口を開け、その口から柱頭が突き出たものである。このときは花の香りは特によい。試みにその花弁を取り除いてみると、雄蕊はすべて内の方へ屈して、葯は一つも裂けておらぬ。まだ成熟していないのである。すなわちこの花では雄蕊よりも雌蕊の方が先に成熟して、自花の葯が開かないうちに他花の花粉を受けて種子を生じようとしているのである。そこへ蜜蜂やその他の昆虫が他の早咲きの老いた花を訪れて、その花粉を体に付けてこの若い花を訪れ、その柱頭に花粉を付けるのである。ウメの花がよく開いたときには雌蕊はもはや自己の任務を果たして、花柱は気力を失っている。が雄蕊はこのときが全盛で、葯は花粉を吐き出し、花底には甘液を分泌し、花冠は最も目だち、種々の昆虫は喜んで集まってきて花から花へと飛び廻っている。そしてその甘液をなめながら花粉を身に付けて飛び去るのである。オオヒナノウスツボ、イチヤクソウ、カエデ、トサミズキなどの花も雌蕊先熟によって他花授粉を行なうのである。

雌蘂先熟は風媒花にも多数ある。ニワホコリ、ドジョウツナギ、カゼグサ、カヤツリグサなどはみなそうであるが、最も手近な実例はオオバコである。オオバコの花は小さく、長さ五ミリメートルぐらいで、外数が穂をなして付いている。萼は四片緑色、花冠は薄くて鐘のような形をし、花口が四片に浅く裂け、雄蘂は四本で、細長い花糸の先端にぶらぶら揺れやすい二胞の葯が付いている。雌蘂は一個で花柱には細い毛がいっぱいにあって、柱頭と区別がつかない。そして花は穂の下から順次に上へ咲き進み、花口がまだ開かないときでも、花柱だけ花口の外へ突き出て、みずみずしい細毛を張り拡げて花粉を受ける能力があることを示している。雌蘂が風によって受精作用をとげ、花柱が衰える頃に、花冠の裂片は正しく平開し、四本の雄蘂は口外に長く突き出るのである。花粉はきわめて微細で粘りけなく散りやすい。このようにしてオオバコは自花授粉を行なうことなく、必ず他花授粉を行のうて種子を生ぜしむることができるのである。

三十八――雄蘂先熟

われわれはヒギリの花において、自花授粉を避ける巧妙な動作を見ることができる。ヒギリは盆栽にする観賞用の灌木で、花は円錐状聚繖花叢となり、小苞も小花梗も萼も花冠も雄蘂も雌蘂もすべてが緋紅色を呈するので衆目を惹いている。萼も花冠も五裂、雄蘂は四本、花糸は細長く花冠の外に抽き出て、雌蘂は一本、花柱は細長くこれまた花外に抽き出ている。そして若い花においては雄蘂は成熟して葯から花粉を吐き、雌蘂は未熟で花の下に垂れ屈して後方に向いている。

老花においてはこれと反対に、四本の雄蕊が花の下に垂れ後方に屈し、雌蕊が勢力を得て細長い花柱は花面の外に突き出て、その頂端は二つに浅く裂けて柱頭を現わしている。すなわち先熟なる雄蕊が花粉を散らしてしぼむようになってから、雌蕊が頭をもたげて他花の花粉を受けることになるのである。サギソウの雄蕊と雌蕊との関係はほぼヒギリに似ている。

マツヨイグサやツキミソウは花の寿命がわずか一夜と翌日の半日ぐらいしかないので、その雄蘂先熟も目だたない。開いたばかりの花を見ると、雌蕊の柱頭はまだ拡がっておらず、雄蕊の葯からはさかんに花粉を出している。そしてマツヨイグサでは花糸よりも花柱の方が長い。いずれにしても柱頭が四裂し張開するのは葯胞の開裂よりも後のことで、チョウスズメやユウガオベットウのごとき蛾類があまい液を吸いに花を訪れるさいには、他の花より着けてきた花粉をその柱頭に塗り付けるのである。

キキョウの雄蘂先熟もいっぷう変わっている。この花の新しく開いたものを見れば、中央に白色の粉を付けた棒状のものが突き立っているだけで、雄蘂と雌蘂が一つになっているように思われるが、精細に見れば五本の雄蘂が未熟の花柱を囲んで直立し、さかんに花粉を吐き出しているのである。葯の花粉を吐き尽くせば花糸もしぼんで五つの雄蘂は花冠の底部に縮み込み、明らかに花糸が五本あったことを表わす。雌蘂の花柱はそれと同時に伸びて、その頂末は五裂し、柱頭を開いて他の花粉を受けるのである。

ヒマワリの頭花の周囲を飾る舌状花はすべて中性で雄蘂も雌蘂も退萎してその用をなさない。筒状花だけが両性を完全にそなえてよく実を結ぶのである。筒状花は花冠が長いコップの形をし、子房の上端に付き、花口は五つに浅く裂けている。五雄蘂の葯は隣のものと合着して管状を示し花柱を囲んでいる。その葯胞は内方に向かって開裂し花粉を吐き、自動的にその花粉を散らすことなく、花柱が伸びて葯管の外に抽き出るときに、その花柱の頂端によって抽き出されるのである。このときの花柱はまだ受精せず、充分に伸びた後にその頂部が縦に二裂して巻返し、その裂け目の新鮮な面が柱頭の働きをするのである。巧みに自花授粉を避けている。ヒマワリの頭花は壮大なもので直径二十センチメートル以上のものも少なくない。小花の数もじつに多く、花の集団として最も発達したものである。こういうように花がぎっしり集まっていれば隣花授粉が容易に行なわれるはずで、花の甘液や花粉を求めて飛んでくる昆虫も一ヵ所に落ち着いていて、お互いに十分その目的を達することができるのである。またノアザミの花にハナムグリという小さな甲虫のいることがあるが、それは甘液を吸いながら悠々とノアザミの頭花を掻き廻し、花柱に押し出した花粉を他の柱頭に移しているのである。

ウメバチソウも雄蘂先熟で、一茎一花、花は端正等勢で、萼は五裂。この裂片に互生して円頭白色の五花弁があり、花弁に対して団扇の骨のごとく細裂する仮の雄蘂があり、この仮雄蘂に互生して五雄蘂がある。雌蘂は一個で子房は比較的大きい。花柱は短縮してほとんどなくなり、柱頭は四裂している。雄蕊が花粉を散らしてしまった後に柱頭が開くので、仮雄蕊は依然としてあたかも真の雄蕊のごとく見せかけ、昆虫を誘導する。一茎一花の雄蕊先熟はその花の構造は両性花として完全なものであっても、その機能は二家化と少しも違わない。

三十九●――蝶形花

フジの花のような蝶形花は虫媒花であるが、その雌雄蕊は同時に成熟して、しかもほとんど同長であるので、虫によって他花授粉を行なう余地がないではないかと疑われるくらいである。けれどもよく見ると柱頭のすぐ下に茸々《じょうじょう》と短い毛が並んでいて、自花の花粉が自花の柱頭に付くのを妨げ、虫がもたらす他花の花粉をまっさきに受け入れるに都合よくなっている。ハナエンジュ、インゲンマメなども柱頭の下部にこれに似た短毛列があって、やや同じ働きをする。

このように一花の雌雄両蕊がほとんど同時に成熟するものを「両蕊同熟」といい、両蕊の形や長さが同一なものを「両蕊同相花」という。また、ヒマワリのように舌状花と筒状花とその各々の両蕊の形が異なれるものは「両蕊異相花」といい、同種の花において、その花被の形状が舌状と筒状とのごとく別な形をしているものを「二形式花」というのである。蝶形花は一般に両蕊倶熟で両蕊同相でしかも他花授粉を行なっているから、花の形にはいろいろな特徴がある。

アヤメ、ノハナショウブ、カキツバタなどの花では、雄蕊と雌蕊は同時に成熟するのであるが、うかつな人の眼には入らない。花柱が花弁のように美しくて、雄蕊はその蔭に隠れておるからである。外花蓋すなわちふつうの花における萼は、その基が癒合して鈍三稜の筒形をなし、内花蓋すなわちふつうの花における花冠は、その基が花糸の基と合体している。これらの花蓋は明らかに内外二層に区別され、外花蓋の三片は広く大きく、花面は垂れている。そして、花爪は直上して雄蘂が対生し、さらに花柱の分れた枝が向き合っている。内花蓋三片は外花蓋片と互生して直立し、その幅がはるかに狭い。雄蘂三本は花弁ようの花柱枝の蔭にあって、各外花蓋片に対生し、葯二胞は外向き、すなわち花蓋の方を向いて縦に開裂し、花粉を吐く。雌蘂は一個、子房は下位で三室をなし、花柱は三裂して三枚の花弁よう花柱枝をなし、少し外の方に反り、その頂末が、小さい唇のような形をして裂け、外向きの柱頭となる。昆虫がこれらの花を訪れたときは、まず外花蓋を足場として翅を休め、そのおりに他花よりもたらした花粉を唇形の柱頭に擦り落とす、そして花底に頭を差し入れ甘液を吸い、また新しい花粉を身に着けて、そのまま次の花へ飛んで行くのである。

四十●——花粉塊の運送

シラン、サワラン、サギソウなどのラン類、およびトウワタ、ガガイモ、イケマなどの花は、その花粉が粉でなく、葯胞内にある全部が一つまたは二つの塊となり、やたらに散らない。粉状の花粉が柱頭に達するのは、散弾をもって鉄砲を撃つようなもので、多数の弾丸の中には的中するものがあるというようなものである。また塊状の花粉が柱頭に達するのは、一つの弾丸で狙い撃ちするようなもので、あたればきわめて有効であるが、はずれるとまる損になる。

ラン類の花は雄蘂と雌蘂とが合体していて、花器の組み立てが一般に解りにくい。サギソウの花蓋は二層あって、外花蓋三片、内花蓋三片、その一片だけ特に大きく、脾弁と呼ばれている。脾弁は昆虫の来たとき体の足場になるもので、その基底に甘液を貯えた細長い袋がある。ふしぎなのは雄蘂も雌蘂もはっきりと解らないで、脾弁に相対して一個の三角状突起があり、その頂部に二個の花粉塊を蔵している。そしてこの突起物の内側は粘着性の壁となり、柱頭の役をも務めている。すなわち花粉塊を有する点から見れば雄蘂で、柱頭のある点から考えれば雌蘂のようである。これは他花にないことで蘂柱と呼ぶものである。この蘂柱は雄雌両蘂が着生合体して、はなはだしく形を変じたものといえる。クマガエソウの蘂柱には冠飾状の付属物があって、花粉塊はその下部側面にある。この付属物は外輪層の一雄蘂が仮雄蘂として残り、内輪層の二雄蘂が残って、各々花粉塊を形成しているものと考えられる。タカネサギソウの花は黄緑色で、花蓋片前面の三枚は立って両蘂柱をまもり、脾弁は長く垂れ下がり、その基に細長い袋が下に伸びている。その袋の孔は両蘂柱の底部にあって、その孔の両側の花蓋片は開いている。両蘂柱は三角形の突起体をなし、内側の凹んだところは柱頭で粘っており、その左右は縦に裂け目があってそこに花粉塊が一つずつ埋っている。花粉塊には小柄があって、柄の先に粘り気のある円盤が付いている。それが甘液を貯える袋の孔に当たって向かい合いながら外に現われている。そして昆虫が脾弁を足場にして甘液を吸うために、頭を孔口の方へ差し向ければ、必ずこの粘着性の小円盤に触れ、かつ、三角形突起の内面すなわち柱頭にも触れるのである。昆虫が甘液を吸い終わってここを去るときには、小円盤は昆虫の頭部に粘着し、花粉塊の小柄は丈夫であるから、結局その昆虫は花粉塊を両葯柱の裂け目から引き抜いていくことになる。花粉塊の小柄は、最初強直であるが、すぐ乾いて垂れ下がる。昆虫はこの垂れ下がった花粉塊を頭部に付けて、平気で次の花へ行き甘液の袋をのぞく。そのおりに前の花から付けてきた花粉塊は、その花の柱頭に触れ、粘着して昆虫の頭部から離れる。そしてその花粉塊が頭部から離れきらぬ場合には、花粉塊はこわれて一部分がその柱頭に残り、他は次から次の花へと運ばれるのである。この花粉塊はまたさらに小花粉塊に分れ得るので、その小花粉塊は弾力性の糸でくくり集めたようになっている。トウワタ、ガガイモ、イケマなどの花粉塊運送の有様は、ラン類と少し趣を異にしているがだいたい似ている。

四十一●――両葯異相の二形式花

ツルアリドオシの花は必ず二花ずつ枝の先に付いている。そして隣合せの子房部はほとんど合体し双生の状をしている。子房は下位で萼は四裂し緑色、花冠は合弁で小さな漏斗形をなし、花面は四裂して白色で愛らしいものである。雄蕊は花冠筒に着生し、その裂片と互生して四本ある。雄蕊は一個、花柱一、柱頭は四裂している。そして妙なことには、長い花柱を有する花を付くる草と短い花柱を有する花を付くる草とはまったく株が別で、長い花柱を有する花は必ず短い花糸の雄蕊をそなえ、短い花柱を有する花は必ず長い花糸の雄蕊をそなうるのである。長い花柱は花冠筒の外に抽き出し、短い花糸の雄蕊は花冠筒の内にある。それゆえ一見すると雌花のように思われる。また長い雄蕊は四本揃って花冠筒の外に現われるが、短い花柱は花冠筒のうちにあって、これは雄花のように思われる。ツルアリドオシをうかつに見れば、雌雄別株すなわち二家花を付くるものと勘違いをするであろう。そして他花授粉を昆虫によって行なうには、長雄蕊の花粉が長花柱の柱頭に運ばれ、短雄蕊の花粉は短花柱の柱頭にぐあいよく運ばれるのである。これらは両性花であって、二家花のごとき働きをなし、二家のような働きをしながらいずれにも種子を生ずるのである。このような関係をもつ花は他にもいくらもある。花を知るにはいろいろの株のものを採ってよく見ないと、十分な判断ができないものである。

四十二●――両蘂異相の三形式花

エゾミソハギの花は両性花であるが、その雌蕊は株によって長さに三段の別がある。そして雄蕊も同じく三段の長さに分れているが、一つの花に必ず長短二種の雄蕊圏をもっている。すなわち、甲の株には最長の雌蕊を有する花を付け、乙の株には中くらいの雌蕊を有する花を付け、丙の株には最短の雌蕊を有する花を付ける。而して甲株の最長雌蕊花には五、六本の最短雄蕊と同数の中位雄蕊とを有し、乙株の中位雌蕊花には最短雄蕊と最長雄蕊とを五、六本ずつ、丙株の最短雌蕊花には最長雄蕊と中位雄蕊とを五、六本ずつ有するのである。萼や花弁や雄蕊の数は、甲乙丙の株ともすべての花が同じである。そして雄蘂の花糸の長短、雌蘂の花柱の長短ばかりでなく、花粉は大小、緑色、黄色の差があり、柱頭には大小の差がある。しかもこれらの相違は花によって一定していて、他の草花にくらべて趣が大いに異なり面白く感ずるのである。次に表を示す。

	雌蘂の長短			雄蘂の長短		
甲花	長				中（黄粉）	短（黄粉）
乙花		中		長（緑粉）		短（黄粉）
丙花			短	長（緑粉）	中（黄粉）	

そして最長雄蘂の花粉は大きく、最長雌蘂にのみ適合して、他の柱頭に付いても発育しない。これに反して最短および中位雄蘂の花粉は小さく最長雌蘂には適合しない。またその長短が昆虫の身体に接触する位置によって、巧みに異花授粉を行なっているのであるが、丙花においては異花授粉とともに自花授粉が行なわれているかと想像される点もある。

四十三●――閉鎖花

スミレの花は二形式で、一つの形式は春早く紫色の美しい花冠を付けるもの。他の形式は貧弱な蕾のような形をして蒼白く小さな花で、前のものより遅く生ずる。美しい方はスミレの花として知られているが、蒼白い方は蕾と思い違いをされるものである。美しい方はまっすぐ上へ伸びるのに、蒼白色の花は花梗が曲がっていて下向きになり、決して美しい花弁を現わすことがない。そして美しい方は果実を結ぶことがないのに、蒼白い蕾のような花はよく果実を結び、花梗はその果実が成熟するに従って上へまっすぐになり、実は上向きに裂ける。この実を結ぶ蕾のような蒼白い花は、萼が閉じたまま開かず、その中に雄蘂雌蘂とが十分に発育し、自花授粉を行なって果実を生ずるのである。こういう花を閉鎖花という。閉鎖花は風媒花もあるが、虫媒花に多い。花冠は退滅し、雄蘂は数を減じ、花粉もその量が少ない。そして葯は柱頭をおおうような位置にあり、花には甘液も匂いもない。そして萼にぴったり閉じ込められているから、他の花の花粉に運び込まれることもないのである。閉鎖花はミヤマカタバミ、ホトケノザその他の花にも生ずる。

四十四●――花被の寿命

「露の干ぬ間の朝顔」といい、「槿花一朝の栄」というのはアサガオやムクゲの花冠のしぼみやすいのをいったもので、萼や花冠にも定まった寿命がある。

ホオヅキ、シソ、カキなどの萼は宿存性で、その萼は蕾のときは他の花器をまもり、果実が成熟するまでもしぼまずに付いている。またイシモチソウなどの花冠は凋遺性で、しぼんでも散らずに残っている。サクラの花弁、アブラナ、オダマキの萼片と花弁は謝落性で実を結ぶ前に散ってしまう。ケシの萼片、マツバニンジンの花弁などは花が咲くと同時に散ってしまい、アサガオ、マツヨイグサなどの花冠は一日間も待たないでしぼんでしまう。こういうものを早落性というのである。

四十五●——離弁花と合弁花

離弁花は本来ウメ、サクラ、アブラナの花のように花弁が一片一片明らかに分れているものをいうのであるが、ツバキ、ムクゲ、ブドウの花冠のように元や先で合着するものも含んでいる。合弁花は本来はアサガオ、ヒルガオ、ナスビ、キキョウの花のように花冠がまったく合着して一体となれるものをいうのであるが、ツマトリソウの花冠のように深く裂けているものも含んでいる。この区別はわれわれが便宜のために設けたもので、中間のものもできるわけである。

四十六●——花爪と花面とが明らかに区別される花弁

アブラナ、ナデシコ、センノウなどの花では、花弁が萼のうちに隠れている部分は狭くなり、萼の外に出て開いている部分は広く大きくなっている。

その狭い部分を花爪《かそう》といい、広い部分を花面というのである。そして花爪だけが合着したように考えられる場合、それを花筒といい、花冠の筒部ともいう萼筒もまた同様に考えられる。花面の合着には種々の程度があって、その部分を縁辺と称し、クサキョウチクトウの花冠は縁辺五全裂と呼び、ルコウソウの花冠は縁辺五浅裂と呼ぶ。合弁花冠にて筒部と縁辺の境が明らかな場合には、その部分を花喉といい、花喉には花冕が付いていることもある。合弁花の花冕に相当するものが離弁花のセンノウにも花爪と花面との境にある。またこれをカラスムギの葉鞘と葉面との境にある小舌状片と比較して考えれば興味がある。

四十七●――萼や花冠の種々相

萼や花冠をよく見るといちいち異なる点があるが、おおよその形によって大別すれば次のようである。

（イ）**蝶形花**　前に説明したごとくエンドウ、フジなどの花冠は蝶の飛べる形に似て、一枚の旗弁、一対の翼弁、一対の竜骨弁をそなえ、変わった形をしている。

（ロ）**石竹様花**　ナデシコ、トコナツ、カラナデシコのように、端正で長い花爪を有する五枚の花弁をそなえ、萼は筒形をなして花爪を包み、花面は外に開いて大きい。

（ハ）**十字花**　アブラナ、ダイコンなどのように四枚の花弁が正しく向かい合って、上から見ると十字形をしている。

（ニ）**薔薇様花**　花爪の短い端正花で、離生する五枚の花弁が広く開出して、花面は丸みを帯びているもの。

（ホ）**百合様花**　六枚の花蓋が鐘形、または漏斗形をしているもの。オニユリのように離生の花蓋とスズランのように合生の花蓋とがある。

（ヘ）**蘭様花**　シラン、クマガエソウなどのラン類の花のように、花蓋が偏形をなすもので、蕊柱の前にある一片は他の花蓋片と異なれる形をし、これを脾弁という。

（ト）兜状花　トリカブトのように花冠の上部の一片が西洋の兜に似ているものをいう。

（チ）舌状花　タンポポ、ヒマワリなどの花に見るもので数片の花弁が合生して一枚のようになり、その基脚が多少筒形をしているもの。

（リ）脣形花　オドリコソウ、アキギリなどの花冠は上下の脣のように見える。上脣は二花弁の合成で、下脣は三花弁の合成したものである。

（ヌ）開口様花　脣形花冠の上下の両脣が大あくびをしたような形のもの。オドリコソウの花冠はその一例である。

（ル）仮面様冠　脣形花冠の下脣が喉部において高くなり、多少喉部をふさぐもの。キンギョソウ、ウンランの花冠はよい例である。

（ヲ）輻形花　ナス、ジャガイモの花冠のように筒部がきわめて短いか、あるいはほとんどなくて、底部より広く開出した正しい合弁花をいう。

（ワ）皿形花　輻形花に似ているが、縁の方が皿形をしているもので、ウメバチソウはその例である。離弁花でもその形によってこの名を付ける。

（カ）盆形花　クサキョウチクトウの花冠のように細長い花筒の上に縁片が皿形花のごとく拡がったもの。

（ヨ）筒状花　花筒がよく発達して、縁片がそれに比べて貧弱なもの。スイカズラの花はその例である。萼にも筒形はよく見られる。

（タ）漏斗様花　アサガオ、ヒルガオなどのように花冠が漏斗の形によく似ているもの。

（レ）鐘形花　ホタルブクロ、ツリガネソウなどの花冠のように、花筒が底部からゆるやかに拡がって先が少し分れて鐘形をなし、長さが広さの二倍弱ぐらいのものをいう。

四十八●――花糸の形状

花糸は一般に葯を支える細い柄のごとくいわれている。けれども種々の花についてこれをみると、さまざまな形のものがある。例えばオニユリの花糸は針形、ロウバイの花糸は獣の角形、ヒツジグサの花糸は線形あるいは花弁様、ミズアオイの花は前面に特に大きい一雄蘂があって、その花糸には獣の角形をした付属物が叉字状に付いている。ノビルの花糸には他に類のないほど複雑な付属物があって、卵形の壺の中には甘液を貯え、その壺のうちから獣角状突起が出ている。ムラサキツユクサ、センブリなどの花糸にはすぐ解るほどの毛が密生している。雄蘂において葯は大切な部分であるが、花糸は授粉に差支えなければなくてもよいくらいのもので、タイミンタチバナ、シバナなどの雄蘂には花糸が見えない。

四十九●――葯の話

バショウ、シュウカイドウなどの葯は、花糸の一部が葯になったような形をなし、オニユリ、イネ、ツバキなどの葯は花糸とまったく別な形をしていて、花糸の頂端に葯が付いていると言いたくなる。葯は雄蘂の主要な部分で、雄蘂が花において重要なものであることはいうまでもない。葯は花粉の製造元で、花粉が成熟すれば開花をうながし、葯が裂けて花粉を吐き出す。花粉が出なければ種子が実らないから一大事である。葯の外観によれば、ふつう二個の葯胞をもつが、内観によれば組織の発達上、花粉は四個の花粉母細胞によって生じ、四個の花粉嚢を造り、二個宛一つの葯胞の形をなし、二葯胞が密接したり間隔を有したりする。リンドウ、ヒルガオなどの葯は花糸の頂端に着生して、二葯胞が密接し、フクジュソウ、モクレンなどの葯は花糸の一部が葯胞の間にはさまれている。この部分を葯隔という。葯には葯隔が明らかに現われているものと分明しないものとがある。

（イ）葯の開裂は縦一杯の裂け目によるものがふつうであるが、だいたい次のような開き方がある。

（1）**孔裂**　ヤマツツジ、ナスのように葯の上端に孔が開いて花粉を吐き出す。そしてツルコケモモの葯では、この孔の部分が管のように伸びている。

（2）**片裂**　メギ、クロモジなどの葯では両側に一枚ずつの戸のような弁片が垂れていて、これが巻き上がるとその窓のような孔から花粉を散らすのである。クス、タブノキなどは両側に二枚ずつの弁片があって、孔も二つずつ開くのである。

（3）**縫線開裂**　アヤメ、オニユリの葯のように一定の裂け目があって、成熟すれば袋の縫合せ目がほころびるように開いて花粉を完全に散らすのである。ウメ、ナデシコなどの葯はその裂け目が横向きになり、アヤメ、キキョウなどは花の外向き、ヒマワリなどは内向きに、ゼニアオイは上向きになっている。

（ロ）葯と花糸の付き具合にもいろいろある。ハス、モクレン、ウマノアシガタ、クスなどは葯の底部に花糸の頂末が連なっている。これを底着といい、アヤメ、キキョウ、フタバアオイなどの葯はその全長が花糸に沿うて側面あるいは背面で着生している。これは側着という。また、オニユリ、オオムギ、オオバコ、マツヨイグサなどの葯はその背部もしくは前面の一点において花糸の頂端と連結し、揺れやすいようになっている。これを十字着という。

（ハ）**葯の向き方**　底着のもので明らかに横向きのものを別として、外向葯と内向葯との二大別がある。外向葯はモクレン、アヤメ、キキョウ、フタバアオイなどに見る。その葯は側着で、外向きすなわち花被の方を向いている。内向葯はタンポポ、ヒマワリ、スミレ、ヒツジグサなどに見られて、その葯は花の内側すなわち中心に向かって側着している。なおこのほかに、花糸の内面に葯がよりかかっているような付き方をした内倚葯とか、いろいろある。

（ニ）**葯胞の数**　葯胞はふつう二個で、葯隔の左右に並んでいる。しかし、この一つ一つの葯胞は初めは二つずつの花粉嚢に分れていて、成熟するにしたがい、その花粉嚢の間の隔膜がなくなって、一つの葯胞となったのである。オニユリ、アブラナなどはその例である。もしこの花粉嚢の隔膜がいつまでも残っておれば、葯胞を四個あることになる。コウモリカズラの葯に葯胞が四個あるのはその例である。また一葯胞のものもある。ゼニアオイの葯は背面で合着し、開裂する縦線も一つで、一葯胞のごとく見え、ベニバナサルビヤの葯は二葯が離ればなれになって、その一葯胞が完全に発育したのである。すなわち葯胞の数には、一個、二個、四個と種々のものがある。

(ホ)**花粉**　花粉は非常に小さいもので、百五、六十粒を一直線に並べて一ミリメートルになるのはやや大きい方である。だから花粉の形状を見るのは二百倍以上の顕微鏡を使わなければならない。このようにきわめて微細なものであるけれども、花にとって最も重要なもので、花粉にかんする知識はもっと進めたいものである。

(1)**花粉の造成**　花粉は葯の中に包蔵されているものであるが、それが生ずる初めは、葯ができるとき葯を組織している特殊の細胞が花粉母細胞となって二分裂を繰り返し、その組織はだんだん変化して花粉の造成を助ける。こうして一個の花粉母細胞は分裂を重ねてついに花粉嚢を満たすほどの花粉粒となるのである。葯胞が初め四つの小胞に分れているのは、初めに花粉母細胞が四個あったからである。

(2)**花粉粒の形状**　花粉は一般に球形で、表面には種々の突起や模様がある。例えばオニユリの花粉粒は楕円形をなし、キクニガナの花粉粒はやや十四面体をなし、タニタデのものは三角体の粽形をなし、オオマツヨイグサのものは三角の糸巻形をなし、細い糸のようなものが絡まっている。ムクゲのものは球体の面に無数の刺のような突起があり、アカマツのものはや半月体の両端に丸い空気嚢を付けている。

花粉粒はふつう二層の皮膜に包まれているが、外皮は内膜の分泌によるものである。内膜は薄いけれど比較的強靭で、外皮には種々の突起や模様がある。しかし例外もあって、アマモの花粉粒の支膜は一層である。色は一般に黄を帯び、皮膜の中は生気旺盛な原形質と細胞核とに満ち、適当な水分を得ればただちにその働きを現わすのである。

（3）花粉管　花粉粒が萌発すれば管のような花粉管を出す。これは皮膜のある個所から突出するもので、これが具合よく柱頭の上で萌発すれば、その花粉管は向水性、背気性などの本能的作用によって柱頭の組織内に進み入り、花柱の組織内を進んで卵子におよび、胚珠に達するのである。すなわち花粉管は柱頭から胚珠に達するまで道路を開き、雄細胞はその通路を通って卵子内に送り込まれ、授精作用を遂げるのである。ただしソテツ、イチョウのように精虫によって授精作用を行なうものは、これと少しく趣を異にしている。またスミレなどの閉鎖花にあっては花粉粒は葯の内で萌発し、花粉管は長く伸びて自花の中の柱頭に達するのである。

五十●——雌性器官

ウメ、イネなどの花における雌蘂は子房の中に卵子を蔵し、花粉によって授精作用が行なわれ、卵子が受胎して種子となるときには、子房は果実となるものである。またアカマツ、ソテツなどにおいては子房がなく、卵子が裸出しているので、アカマツやソテツの実と呼ばれているものと、ウメ、イネなどの実とは大いに異なる点がある。そして卵子や子房を雌性器官、あるいは略して雌器ともいう。雌器を大別すれば前に述べたウメ、イネのように卵子が子房の中に生ずる被子類と、アカマツ、ソテツのように卵子が裸出する裸子類との二つになる。被子類の雌性器官は雌蘂のことをいうのである。

(甲)雌蘂　ウシハコベの葉を縦に袋を作るような形にして、両縁を少し内方にまるめ込みながら毛抜き合せに全部合わせると、上が尖って下がふくらんで神酒徳利のような形になる。そしてこの形をサバノオの雄蘂に比べてみると、大小の差こそあれ、そのでき具合がはなはだ似ていることに気がつく。サバノオの花は雌蘂が二本あって、その一つをよく見ると、卵形の単葉を縦にまるめて造った管に似ている。そして下部のふくらんだところを横切りにして内部を見ると、ちょうど葉の両縁をまるめ込んだと同じようなところに、卵子が二列になって付いている。これによって雌蘂は、卵子を付けている葉が、特別に変わった形をなしたものと考えることができるのである。この考えを正しいものとして雌蘂の構造を見ると、どんなにこみ入ったものでもよく解るのである。そして、種子となるべき卵子を付けている葉を特に「心皮」と呼び、サバノオの雌蘂は一心皮、すなわち卵子を付ける一枚の葉からできているのである。一花の中には一心皮だけの雌蘂もあるが、二心皮ないし多心皮があることもある。それらは各分立して二個ないし数個の雌蘂を形成するものもあるが、またそれらの心皮が一部あるいは全部合着して一個の雌蘂をなすものもある。心皮は必ず花茎の頂端あるいは花の中心の位置を占めている。

一心皮を、卵子を付けた一枚の葉が両縁を内へ巻き込んで癒着したものとみれば、卵子を生ずる部分はふつうの葉の両縁が癒着したところで、これを心皮の腹といい、その脊をなす部分はふつうの葉の中脈に相当するものである。そしてその内面は葉の表面に相当し、外面は葉の裏面に相当するのである。心皮の花における向き方は、二心皮のものにあっては必ず脊の外方、すなわち花被の方に向かい、腹を花の中心に向けている。それゆえ腹の合せ目のごとき一線を内縫線といい、脊の中脈に当たる一線を外縫線という。エンドウなどは単心皮の雌蘂であって内縫線は花軸の方に向かい、旗弁と向かい合っている。

雌蘂の主要な部分は柱頭と子房とで、柱頭は一般に心皮の尖端のところで、その部分は心皮がなく、粗大な細胞組織が裸出して、花が開いているうちは分泌物でうるおい、花粉をよく受けるのである。子房は卵子を包蔵する部分で、一般に大きくふくらみ、単心皮のものならば内縫線の突起したところに卵子を付けている。卵子は特別な構造をなすもので、ふつうには心皮の内縫線に当たる縁の異状成長によるものであるが、種類により、あるものは一局部に生じ、あるものはその全部に生じ、あるものは上方の特殊な部分に生じ、またあるものは内方の面上に生ずるのである。

一心皮でできている雌蘂は単心皮生雌蘂といい、ウマノアシガタなどの花には多数の単心生雌蘂がある。また二ないし多数の心皮が合着した一雌蘂は複心皮生雌蘂といい、アブラナなどは二心皮合着の複心皮生雌蘂で、タチアオイの雌蘂は多数心皮合着の複心皮生雌蘂である。

（イ）胎座　子房内の卵子が付いているところを胎座という。種類によって卵子は少数のものもありまたきわめて多数のものもある。そして卵子を付ける胎座にも特に発達して明瞭なものもあり、またどこを胎座と定めてよいか解らないようなものもある。しかして胎座には中軸胎座、特立中央胎座、側膜胎座などの三大別がある。

（ロ）単心皮生雌蘂　エンドウ、メギの花には、この種の雌蘂が一本あって中心の位置を占め、アケビの雌花には六本あって輪生している。オキナグサ、フクジュソウなどの花には多数あって特に彎凸状に発達した花床の延長部に螺回状に着生している。これらの柱頭は両縁を現わしがちでとかくに等勢を欠き、内縫線上にかたよっている。子房は一室なのがふつうであるが、レンゲソウのように膜のようなものが背後から伸びて二室になっているものも少なくない。胎座は二列式をなすのがふつうである。

（ハ）複心皮生雌蘂　ユキノシタの雌蘂は二心皮の下の半分が合体したもので、子房の上部は分離し花柱は明らかに二本になっている。ビョウヤナギの雌蘂は三心皮の下部が合体したもので、子房はまったく一体となり花柱は三本に分れている。そしてムラサキツユクサの雌蘂は子房も花柱も一体になっているから、ただ見ただけではどんな複心皮生雌蘂か判らないが、子房を横切りにして内部を見れば三室に分れているので、三心皮の合体したものであることが解る。ユキノシタの子房を横切りにしてその内部を見れば、明らかに二室に分れ、ビョウヤナギの子房横切面は三室に分れている。これらの子房内を二室三室に分かつ膜質のものは、子房壁の連続と見ることができる。そしてこういう雌蘂は単心皮生雌蘂の二もしくは三個が密着して、一部あるいは全部が癒合したものと考えることができる。このように多くの場合、子房室の数は癒合した心皮の数と同じであるが、しかし例外もある。

シュクコンアマの子房は五室であるが、各室はさらに不完全な膜質の隔障で分たれ、あたかも十室のごとく見え、またアマの子房は完全に十室に分れている。卵子の配置を見れば、シュクコンアマの各室の中軸部に二列に並び、不完全な隔障はその列の間に割り込んでいる。アマにあっては、その偽隔障がいっそう発達したもので、五室がさらに二分され十室となって、各室の中軸部に卵子が一列をなしている。

ハコベの子房は一室で花柱は三本ある。花柱の様子から察すれば三心皮合着の雌蘂のはずであるが、子房には確かな証拠がない。卵子は子房の中央に突き出た軸に付いているので、隔障との関係もまったくない。そうなった原因は次のように考えられる。三雌蘂の子房が合着して、中軸に胎座の部分だけを残し、隔障も消失して一室となり、胎座が特立したものであろうと。

(1)中軸胎座をそなうる複室子房　アマ、ムラサキツユクサの子房は、隔障によって複室となり、各隔障は中央に会して中軸のようなものを造り、胎座はその中軸に発達するものをいう。

(2)側膜胎座をそなうる単室子房　スミレ、リンドウ、モウセンゴケなどの雌蘂は複心皮生のものであるが、その子房は単室で、胎座は子房壁に発達している。その形はいくつかの心皮が各内縫線において離れ、その縁が隣合うものと内へ巻き込んで癒着し、そこに卵子を生じたように考えられる。癒着した縁がきわめて短縮しておれば、胎座はあたかも子房壁に直接生じたように見えるが、もしその縁が隔障のように発達してほとんど中心に達するほど伸びて卵子を生ずれば、中軸胎座に似たものとなる。子房壁もしくは不完全な隔障に生ずる胎座を側膜胎座といい、側膜胎座をそなうる子房は単室なのがふつうである。アブラナなどの子房はその一例である。

(3)特立中央胎座をそなうる単室子房　ハコベ、サクラソウなどの子房は単室であるが、それを横や縦に切ってみると、中央に一本の柱があって、子房の底から出て、どこも子房壁には付いておらず、特立している、そしてその柱に卵子が生じて、いわゆる中央胎座をなしている。これは側膜胎座の変態で、卵子を生ずる部分がただ底部の一小部分に限られ、この小部分が完全に癒合して、中央へ柱のごとく異状な発達をなしたものといわれている。

(乙)裸子類の花　アカマツ、スギ、イチョウ、ソテツなどのごとく卵子が裸出して、雌蘂を有しないものを裸子類という。この類では裸出する卵子を生ずる部分がすなわち雌性器官で、またある場合には雌性花となる。わが国に産する裸子類はみなそうで、単性花を付け、マツ、スギなどは一家花で、イチョウ、ソテツなどは二家花である。裸子類の花は種類によってその形状が大いに異なっているから大体の類別によって次に説明しよう。

(イ)マオウ類の花　マオウはわが国に産しないが薬用植物として有名なものである。花は二家花で、梢末に穂をなし、雄花は苞腋に生じ、基底が合着して鞘形をした一対の鱗片状花被をそなえ中に花糸のようなものがあって、その頂端に二ないし八個の葯が集まって付き、葯は二胞に分れている。雌花は小梗を有して苞腋に生じ、卵のような形をなし、底部に二層の鞘形合生苞を付け、花被は嚢のようで一個の卵子を蔵している。その様子は被子類の子房に似ているが、卵子の花粉を受けるところがまったく違っている。卵子は花梗の頂端に生じ、一枚の卵皮をそなえ、その卵皮の頭部は管のごとく伸びて花被外に現われ、その様子も花柱に似て、花粉を受け入れる大切な役目を務めるのである。花粉はこの管の中を通って胚珠の頂に達し、萌発して授精を遂げるのである。

(ロ)イチョウ類の花　イチョウ類は二家花である。雄花は葇荑花様をなし、多数の雄蘂を付け、雄蘂は花糸を有し二個の葯をそなえている。葯は一室で縦に裂ける。雌花は苞腋から出た柄の頂端に一、二個ずつ付いている。その構造はきわめて簡単で、花被はなく発育の不完全な心皮が杯形をして基底を包む一卵子が裸出しているばかりである。卵子はまるくて一層の卵皮をそなえ、頂に孔がある。花粉はこの卵孔から入って胚珠の上に達し、萌発して二精虫を出し、授精を遂げるのである。

（ハ）**ソテツ類の花**　ソテツは二家花を生じ、雄蘂は雄本の茎端にたくさん集まって大きな円錐体をなしている。雄蘂は大きく扁平ではなはだ多数あり、中軸に螺旋状に付いている。葯は一室にして縦に裂け、雄蘂の裏面に三から五個ずつ集まって、いっぱいに付いている。雌花は雌本の枝の先に生じ、はなはだ大きくて直径四十センチメートル高さ二十センチメートルを超えるものもある。形の変わった心皮が多数集団して花をなすので、非常に珍しい。心皮の末端はふつうの葉のように羽裂し、卵子は心皮の両縁に数個付いている。そして楕円形をなし、卵皮は外中内の三層に分れ、外内二層は多肉質で、中層は硬い。頂端に卵孔があって花粉はこの孔から胚珠に達し、萌発して二個の精虫を出して授精を遂げるのである。これらの心皮は花が開いているときだけ開いて、その前後は常に内面に巻き反っている。

（ニ）**イチイ類の花**　イチイ、カヤ、イヌマキなどの二家花はあまりに簡単で、それぞれ異なる点もあり説明がしにくい。ここにはこの類に代表としてイチイについて話をしよう。イチイの雄花は葇荑花様をなして葉先に付き、少数の鱗片が螺旋状にその基部をまもっている。雄蘂は十個ぐらい中軸に付き、数個の鱗は中軸に面して生ずる。雌花は葉腋に一つずつあって、その基部に少数の鱗片が螺旋状に付き、頂端にある一個の卵子をまもっている。卵子は多肉質の一枚の卵皮をそなえ、頂に卵孔がある。花粉はこの卵孔から入って胚珠に達し、授精を遂げるのである。

（ホ）マツ類の花　アカマツ、モミ、トウヒ、スギ、コウヤマキなどは一家花を生じ、雄花はたくさん新梢の苞腋に円錐形をして付いている。基底に少数の鱗片をそなえ、雄蘂は中軸に密生する。アカマツの雄蘂は下面に二胞の葯を付けている。雌花は新梢の頂末に付き、毬か円錐のような形をしている。雌花の構成についてはいろいろの異説があるけれども、ここには毬のようなものを花序として、花は二層の鱗片と二ないし数個の卵子からできていると説いておく。その鱗片は心皮と小苞とで、小苞は外面の中央にあり、心皮は扁平で、小苞と合体して尖端だけ離れている。心皮の内面の基底に二個の卵子が生ずる。卵子は下向きに卵孔を開き、卵皮は一層である。心皮と外苞と合体しているその鱗片は開花期にのみ開いて、花粉を受けると再び閉じてしまう。花粉はある時日を経てから萌発して受精する。

（へ）ヒノキ類の花　ヒノキ、ネズ、コノデガシワ、アスナロなどは一家花を生じ、新梢に円錐状に付く。雄花は多数の雄蘂を有し、また底部には少数の鱗片が螺旋状に付いている。雄蘂は楯形の葯片で下面に多数の葯を生じ、葯は一胞である。雌花は多数の鱗片にその基部をまもられ、少数の心皮があって花被のような形をし、各心皮の内面の底部に一ないし多数の卵子を生ずる。心皮は鱗片状をして開花受精すれば再び閉じる。卵子は上向きの卵孔をもち、受粉しても受精まではある時日を費やすものである。

五十一●――卵子

卵子ははなはだ小さくて、一般に顧みられないけれど、これはじつに花の本尊様で、最も大切なものである。浅草の観世音堂は十八間四面の大伽藍で立派なものであるが、あの御堂を拝んだのではなんのご利益も授からない。ご内陣にあるはずの一寸八分の観世音菩薩を拝まなければ浅草の観音参りにはならないとのことである。この高さ一寸八分の尊体が、もし立像で二十五平方分の席を占めるものであるとすれば、御堂の面積は本尊の四百六十六万五千六百倍の大きさのものである。けれども、花においてはどんなに卵子が小さくても、開いた花冠の面積の一万分より小さなものはあるまい。この比例で見れば浅草の観世音の本尊様を拝むよりも、花の本尊様を拝む方が四百六十倍も楽なはずである。それはとにかく卵子を見るには解剖用の顕微鏡を使用するがよい。ルウペだけでは形状をよく見ることができぬ。

卵子は心皮に生じ、その中に胚ができれば種子となるものである。被子類の雌器ではふつうに心皮の縁に当たるところに生ずる。そしてあるものは縁に沿い、またあるものは一部分に限って直接もしくは間接に付いている。間接の場合は、心皮の縁が卵子を支持するために特に発達して胎座を形成するのである。そしてまた卵子は子房の内面から直接に生ずるものもある。裸子類にあっては、卵子は心皮上鱗片の表面あるいは基底に生じ、またはソテツのように心皮状葉片の縁に生じ、あるいはまた枝梢の頂端に心皮らしいものがなく直接茎軸から生ずるものもある。卵子が着生するには柄を有するものと有しないものとがある。この柄は卵柄といい、後に成熟して種柄となるものである。卵子の数はただ一個だけあるものと、少数もしくは多数にあるものなどいろいろである。

(イ)子房内における卵子の位置と向き方　これには次のようなものがある。

(1)直立卵子　子房のいちばん底のところに生じて上向きとなるもので、ソバなどはそうである。

(2)斜上生卵子　子房の底より少し上に生じ、上向きになるもので、ウマノアシガタはその例である。

(3)水平生卵子　子房内の側部に生じ、横向きになって上にも下にも傾かないもの。サバノオはその例である。

(4)傾下生卵子　子房の側部に生じ、垂れあるいは下向きになるもので、ナズナはその例である。

(5)懸垂生卵子　子房の頂に生じ、垂れ下がるものでオキナグサはその例である。

(ロ)卵子の形状　卵子の一番重要な本体は胚珠である。胚珠はふつう、一、二枚の卵皮という被衣に包まれている。卵皮は成熟すれば種皮となるものである。卵皮は嚢のような形をして、小さな孔が開いている。この孔を卵孔というのである。卵皮が二枚ある場合には外卵皮と内卵皮に分ける。最初に胚珠ができて、次に内卵皮が生ずるのである。卵皮は卵子の基底から生じ、胚珠と卵皮とはそのところで合わさっている。このところを合点という。卵子が卵柄に付くところを臍《せい》という。これは種子になっても同じ名で呼ばれる。ソバやハコベの卵子のように、合点と臍とが一致していることもある。ソバの卵子はまっすぐで、ハコベの卵子は曲がっている。またゼニアオイの卵子では臍が側面にあって合点から離れ、スミレの卵子では合点と臍との距離がはなはだしく、卵子の両端に離れている。かく合点と臍とが離れているものは、その間が脊のようになって連なるのである。ヤドリギ、カナビキソウなどの卵子は卵皮がなくて最も簡単で幼稚なものとされている。卵皮がないということは胚珠の表面に皮膜がないということではない。

胚珠の皮膜と卵皮とはそのできはじめからして別なものである。卵皮のない卵子は無皮卵子といって、胚珠が裸出している。卵皮を有するものは有皮卵子という。

（ハ）**卵子の種類**　有皮卵子には直生、彎生、半倒生、倒生などの別がある。

（1）**直生卵子**　ソバ、サクラタデ、イラクサなどの卵子のように、全部直立して最も単純な等勢の形状をなし、合点は真底にあって卵孔はその反対の頂端にあるものをいう。

（2）**彎生卵子**　アブラナ、ダイコン、フウチョウソウ、モクセイソウ、カワラナデシコ、アカザなどの卵子のように、合点と臍とは卵子の底にて一致し、卵子そのものが扁形して彎曲し、腎臓のような形となり、卵孔すなわちその頂端は臍に接近しているものをいう。直生卵子と彎生卵子とはその発生状態は同じなのであるが、彎生卵子は発達するに当たって片側が他の側よりも特に大きくなり、ことに底部においてその差がはなはだしく、ついに彎曲するにいたったものである。

（3）**半倒生卵子**　サクラソウ、エンドウなどのように卵子はまっすぐであるがその中央に臍があって、臍と卵柄とは直角になっている。そして一方の端に合点があり、他の端に卵孔がある。卵柄は外卵皮に癒着して、臍から合点まで明らかに続いている。半倒生は彎生と倒生との中間のもので、彎生に近いものや、倒生に近いものなど、その程度にはいろいろある。

（4）**倒生卵子**　スハマノウ、ウメ、ナシなどの卵子のように、臍と卵孔とがきわめて接近し、合点はその反対側にある。卵子はまっすぐで、卵柄は卵子の側に癒着して、全長の脊となり、臍や卵孔の正反対にある合点まで届いている。倒生卵子は種々の花に見られるもので、その発生の初めに、卵子の片側がほとんど成長せず、その反対側が思うままに発達したため、卵孔の底部に、合点はその反対の直上に形成されるのである。この卵子はほとんど等勢な発達をして軸がまっすぐであるから、合点は卵孔の正反対の位置を占め、卵子の頂端をなしている。

五十二●――胚珠

卵子の本体は柔細胞組織のもので、卵皮にまもられている。この本体を胚珠というのである。ところがたいていの学者は、卵子のことを誤って胚珠と呼び、ほんとうの胚珠のことを珠心と呼んでいる。これはぜひとも正しい方に改めなければならない。心皮を大芽胞葉と呼び、この胚珠を大芽胞嚢と呼ぶことがある。その呼び方に従えば胚珠内に発達する胚嚢を大芽胞というのである。胚嚢は胚珠内の特殊細胞の活動によって生じ、ふつう一個の大細胞である。この胚嚢までは無性である。有性的植物体の生殖作用はじつに微妙で、胚嚢内にある雌性細胞は、花粉管内に生じた雄性細胞を迎えて、いわゆる有性生殖を遂げ、その結果新しい植物体が発生するのである。そしてこの新生植物体を胚と称し、胚は胚嚢内に生じ、胚嚢は胚珠内に生ずるのであるから、結局胚は胚珠内に発生するのである。一般には胚が成熟すれば卵子は種子となるといわれるのである。花の本来の使命は胚が生ずることによって終わったのである。

五十三●――花式

花の種々な部分とその組み立てとは、既に述べたようなものであって、最もふつうにある花にならって理想的模型花を設け、それを標準にしてさまざまの変態を会得するよりほかはないのである。花は草木の種類によってそれぞれ異なっているから、どんな花を見てもみな興味がある。そして花の種々な部分の組み立て方などを記すのに、花式というものがある。花式は、花蓋もしくは花被をP、萼をK、花冠をC、雄性器官をA、雌性器官をGという符号で表わし、その数を記すときには分立してるか合生しているかを示すために、合生している場合には括弧をつけ、分立している場合には括弧をつけない。また上位子房、すなわち萼の上位にある子房を有する雌器は$\underline{G}$、下位子房を有する雌器には$\overline{G}$というふうに横線をつけてその区別をする。例えばオニユリの花を花式にて示せば、P6A6G（3）である。しかし花蓋と雄器とは各二圏をなすから、さらに次のように記す。P3+3　A3+3　G（3）、またキキョウの花はK（5）C（5）A（5）$\overline{G}$（5）と記すのである。これで、その花の組み立て方がだいたいではあるがよく解るのである。

さらに細かく花の組み立てや諸部分の有様を表わすには花式図がある。花式図には実験花式図と理論花式図との二種がある。実験花式図はその花に現われているままを一定式の図によって記し、理論花式図は種々の比較や考慮を加味したものが記されるのである。

五十四●──果実と種子

草や木が多大な勢力を費やして花を生ずるのは、新しい種族の後継者を産むためである。卵子の内で雌性細胞と雄性細胞とが合わさって、新生体すなわち胚を形造ることはまことに微妙な働きで、胚の発達につれて、卵子が種子となり、心皮が果実となることは、新生体を保護し、やがて新しい一植物となることを祝福する性愛の賜物と見ることができる。

第四　人生に有用な花

われわれの生活に最も広く深い関係のある花は、なんといっても観賞用のものである。そしてその次には食料、染料、および医薬料となる花である。

観賞用の花についてはあまりその種類が多すぎて、ここには述べきれないから他の機会に述べることとして、食料、染料、医薬料にはどんなものが用いられているかをちょっとお話しよう。

キク　俗にリョウリギクともいうくらいで、頭状花を総苞とともにゆでて食用に供する。

ミョウガ　一般にミョウガノコと呼んで食用にする。

フキ　蕾の集まっているものをフキノトウといって食用にする。

コオリフラワ　蕾の集まったものをハナヤサイといって食用にする。

ヤブカンゾウ　花が開き始める頃の蕾を食用にする。

染料に供する花はきわめて少なく、今でも用いられているのはベニバナ、オオボウシバナの二種ぐらいである。

医薬料としては、民間薬をあわせて次のようなものがある。カミルレ、ビロードアオイ、クソニンジン、スイカズラ、オトギリソウ、ハマナシ、アカバナムシヨケギク、シロバナムシヨケギク、チョウジ。

第五　花の色

アサガオ、ハナショウブ、シャクヤク、ボタン、キクなどの花は艶麗鮮美な色を現わし、その色も形もさまざまであるため人々が賞玩するのである。テンジクボタン、テンジクアオイ、ハナダンドク、トウショウブなどの花もさまざまな色彩を現わすのである。土質も気候も、またその周囲の状態も同じであるようなところに生育する同じ種類の草木の花、あるいは一つの花でさえも、その色が種々に変わることはまことにふしぎに思われる。

草木の体内には種々の化合物があって、化学的反応、その他の原因でいろいろな色を現わすものであるが、ことに花部の諸器官の細胞内にはアントチアンという物質が細胞液に溶解し、または小結晶をなして存在し、酸性に対しては赤く、アルカリ性に対しては青く、その反応色を現わすのである。花の色は主としてこのアントチアンの存在によるものとされている。そして花の色はふつう遺伝するものである。

第六　花の匂い

ジンチョウゲ、ウメ、ソケイ、コブシ、テイカカズラ、チョウジカズラ、ロウバイ、ノイバラ、マタタビ、ヤブサンザシ、タイサンボク、クチナシ、ヤマユリ、スイセン、キク、ヒイラギ、ギンモクセイ、キンモクセイ、チャ、その他外国品ではチョウジ、ヒヤシンス、フリージア、スイートピー、ニオイスミレなどの花はそれぞれ特異な匂いを放ち、姿が見えなくてもその匂いによって花のあることがわかるものである。花の匂いはその産地によって多少の違いがあるもので、キミカゲソウすなわちスズランのごときは、東京付近に栽培するものよりも北海道に自生するものの方が遥かに匂いがよい。一般に花の匂いは花床、萼、花冠、雄蘂、花盤などに特殊の揮発油を貯うる細胞が発達し、花が開くとその揮発油が発散するために生ずるものである。チョウジのごときは花床と萼に揮発油が多く、クチナシ、コブシ、モクセイのごときは花冠に揮発油を貯えて匂いを発する。そしてチャの花のごときは雄蘂の基部に甘液と揮発油とを貯えて、昆虫が訪れるのを誘っている。

佳良な揮発油を含んでいる花、もしくは蕾は香水などを造る原料にするのである。

第七　花時計

アサガオ、ハスなどは夜明けがたに花を開き、オオマツヨイグサ、マツヨイグサ、ツキミソウ、ヨルガオなどは夕暮に花を開く。そしてスベリヒユ、マツバボタンなどは晴天の午前九時頃から花を開くのであるが、雨天には、咲くはずの蕾もなまけてなかなか開かない。マツバギクなどは雨天には休んでいる。日光、温度、水湿などは花が開くのに直接の関係があるのであるが、空気の乾湿も多少の影響がある。また外囲の状態によって開花時刻は変わることもあるけれど、ある種の花はその開閉の時刻が大略一定しているので、それを一昼夜の時に当てはめて楽しむのも興味があることである。英国で古くから花時計と呼んでいるのは、いろいろな花の開閉時刻を一昼夜二十四時間に当てたものである。これはただ遊戯的なもので、単に花の開閉時刻には種々あることを示すぐらいのものと見られる。わが国では実験的にこうした企てを試みたという話は聞かないが、ある程度までは実際に試みても面白いことであろうと思う。英国で花時計といわれるものの一つを次に掲げて参考にする。

午前　一時	ノゲシ	花	閉ず
同　二時	バラモンジン属一種	花　開く	
同　三時	オックス・タング	花　開く	
同　四時	キクヂシャ	花　開く	
同　五時	セイヨウタンポポ	花　開く	
同　六時	ヤナギタンポポ属一種	花　開く	
同　七時	ルリハコベ	花　開く	
同　八時	オオマツヨイグサ	花	閉ず

同　九時　パープルビンドウイド　花　閉ず
同　十時　ノミノツヅリ属一種　花　開く
同　十一時　オオアマナ　花　開く
同　十二時　バラモンジン属一種　花　閉ず
午後　一時　スベリヒユ属一種　花　開く
同　二時　ルリハコベ　花　閉ず
同　三時　リュウキンカ属一種　花　閉ず
同　四時　キクヂシャ　花　閉ず
同　五時　ヒツジグサ属一種　花　閉ず
同　六時　カワホネ属一種　花　閉ず
同　七時　オオマツヨイグサ　花　開く
同　八時　セイヨウタンポポ　花　閉ず
同　九時　ヒロハヒルガオ　花　閉ず
同　十時　パープルビンドウイド　花　開く
同　十一時　ヨルザキムシトリナデシコ　花　開く
同　十二時　ハイアオイ　花　開く

第八　花のさまざま

一　ガマの花

古事記には、稲葉の素兎《しろうさぎ》の話のところに、ガマの花のことがあり、尋常小学校の旧読本にもこの話が引いてあるが、それにはガマのホワタと記してあった。これはたいした違いである。ガマの花は単性一家花で、同一花軸の末端に雄花が密生する穂があり、その雄穂に接しその下に雌花がきわめて密生する穂がある。雄花は黄色で、花被が変形したと思われる三本の毛があり、三本の雄蘂の花糸は細く、葯は底着し、葯胞は二つで縦に裂ける。花粉は黄色で、古事記にある蒲黄というのはガマの花粉のことである。雌花は褐色で、花被の変形らしい六本の毛をそなえ、雌蘂は一本、柱頭は匕形に拡がっており、子房は一室で、傾下着の一卵子がその内にある。雌花の毛はいつまでも宿存して、果実が風に飛び散るのを大いに助けるものである。小学校読本のガマのホワタというのはこの毛のことであろう。

二　ヒルムシロ

ある地方の農夫は「畑にジジバリ、田にビルモ」といって、農作の害をするものの一つにビルモを挙げている。このビルモはヒルムシロのことで、田にはびこりやすいものである。花は両性花で小さく、枝の先に花軸を出して穂のように生ずる。四片の花被は淡緑色で短爪がある。雄蘂は四本。花被片に互生し、花糸なく、葯は二胞で縦裂する。花粉は淡黄色で、風媒によって授粉する。雌蘂は四個、雄蘂に互生し、花柱はきわめて短く、上位子房は各々一室で、一方にふくらみ、傾下着の直生卵子一を各々蔵している。

三●――クワイ

関東地方の子供が「クワイが芽を出した花咲きゃ開いた」と唄う。ふつうクワイといって食べるのは地下に生じた珠茎である。クワイの花は白色で、三尺くらいの葉がない花軸に総状もしくは円錐状に付き、単性一家花で、上の方に雄花を、下の方に雌花を生ずる。花軸には節があって、鱗状の三苞が合着して輪生する。雄花は萼片三、花弁三、雄蘂はたくさんあって花糸は分立している。花弁は円くて短爪があり、萼片と互生する。葯は二胞あって内面に縦裂する。雄蘂の基底に甘液を貯え虫媒によって授粉する。雌花は萼片三、これに互生して円い花弁が三片ある。雌蘂は多数分立し、花柱短く、柱頭は頭のような形、子房は上位で一室、倒生卵子一個を蔵する。雌蘂の基底に甘液を貯えて昆虫を誘う。

四●――セキショウモの花

初夏の頃、里川や池の水面に風のまにまに吹き寄せられている多数の花がある。反りかえって鼎足形に立つ三片の淡緑色の花被があって、その上に三本の雄蘂があり、ただこれだけの植物かのように自由に浮いている。じつはこれはセキショウモの雄花で、形は小さいけれども母体である草からまったく離れて、雄花だけで花を開く奇習があるので有名である。この草は茎は泥の中にあって葉は水中に育ち、緑色で、狭い紐のような形をし、長いものは三尺くらいある。花は単性二家花で、雄花は雄本の葉腋に生ずる花梗の末端に、穂のような形をしてたくさん付いている。成熟するまでには膜質の仏焔苞にまもられて水中にある。成熟すると一花一花花梗から離れて水面に浮かび出し、空気の中で花を開く。花糸は上へ伸び、葯は二胞外向きに縦列し風媒的花である。雌花は雌本の葉腋に生じ、長い花梗の先に一つだけ付き、水面に出て花を開く。花被も花柱も三個、子房は下位で一室、側膜胎座に多数の直生卵子がある。

五●――イネの花

コメは米屋で造るものと思う人を笑う人でも、玄米はイネの果実で、白米はイネの種子の胚乳であることまで知っている人は少ない。ましてモミガラはイネの本当の果皮ではなく、果実を保護する特殊な器官で、花のときにあった稃が成育したものであると知っている人はきわめて少ない。イネは両性花で茎の頂端に円錐状をなして多数着生し、小穂には梗があって各一つの花を付け、穎片は二つで小さな鱗形をしている。稃はやや大きく二片あって小舟形をなし、外になる稃にはノギがあるのがふつうである。稃の中に薄膜質の小さな鱗片が二枚あって、これが花被である。雄蘂は六本あって花糸は細く、稃の外に葯を出している。葯は二胞あって、花糸に丁字着をし、側面縦裂して風媒的によって自家授粉をする。雄蘂は一個で花柱は二本の羽毛のように分れている。子房は上位で一室、直立倒生卵子一個を蔵す。

六●――カサスゲの花

カサスゲは沼地に群がって生え、なかなか風致がある。葉は三、四尺の長さがあり、この葉で造った笠を菅笠という。花は単性一家花で、茎の頂部に穂をなし、雄花穂は頂端に一本あり、雌花穂はその下部の葉腋に三、四本あり、いちばん下にあるものはたいてい花梗をもっている。雄花は一穎片、三雄蘂で花被はなく、花糸は細く、葯は線形、ほとんど底着、二胞縦裂し、風媒によって授粉する。雌花は密なる円柱状の穂をなし、小花は一片の穎と一雌蘂とよりなり、花柱は三枝に分れて、子房は上位一室、卵子は底着倒生である。

七●――シュロの花

まっすぐに立った一本の幹の頂端に、緑の扇形な大きい葉をいただくシュロの姿はいっぷう変わっている。そして六月頃その高い頂に黄色の大きな塊ができ、子供らを驚かして「シュロのおばけ」と呼ばしむるものは、じつにシュロの花である。花は単性二家花で、葉腋に多数分枝せる円錐状肉穂をなして生じ、大形の仏焔苞を数枚付けている。雄花は雄本に生じ、小花は無梗で、三片ずつ二輪層をなす花被と、六雄蘂とをもつ。花糸は分立し、葯は二胞、内向きに縦裂する。花が咲いている間は、たくさんの昆虫が集まって、虫媒によって授粉する。雌花は雌本の花穂に付き、無梗にして三片ずつ二輪層をなす花被と、一雌蘂とをもつ。子房は上位にして三室をなし、各室に一個の倒生卵子を蔵す。花柱は三本に分れ、柱頭は乳頭のような形をしている。

八●——サトイモの花

夏の朝露の袂に払ってサトイモ畑の中を窺うと、往々にして薄暗い葉蔭に淡黄色の花を見出すことがある。高さは二尺くらいで、緑葉はなく、頂端に直立する一枚の仏焔苞を付け、その懐の中に先の尖った肉穂がある。俗にはこれを花と呼んでいるが、ほんとうの花は肉穂に生ずる小さな単性花で、下の方に雌花が集まり、上の方に雄花が集まって一家花をなしている。花とはいっても、これらは見劣りのするもので、仏焔苞の方がよほど花らしい感じがする。雄花は花被がなく、二雄蘂があるばかりである。二雄蘂は花糸がほとんどなく、葯が合着して、あたかも一個の雄蘂のごとく見える。そして花粉の生じない不登雄花の一団があるが、その不登雄花も合着している。雌花はただ一個の雌蘂だけで、花柱なく、上位子房は一室で、側膜胎座を有し、多数の倒生卵子を蔵している。開花中は仏焔苞の中に一種の匂いを発し、蠅の類を誘って特異な授粉を行なうのである。

九●——ウキクサの花

「ウキクサや昨日は東今日は西」という俳句がある。そのウキクサは、単に水面に浮かんでいるクサを一括した名で、カズノゴケ、サンショウモ、アカウキクサ、アオウキクサ、ウキクサ、ヒシ、ヒメビシなどみなウキクサたる資格がある。しかしここにいうウキクサは学術上に定められた一種の植物を指すもので、沼や流れの澄んだところの淡水に産し、緑色の小さい葉のような形をした平たいクサである。葉と茎との区別がなく、表面は緑色で、放射状の脈があり、中心はかたよっている。裏面は赤紫色をして、垂れ下がった多数の根を有し、根の先端には根冠がある。またその葉のような形をしたものの縁に枝が生じ、この枝は母体から分離して一つのウキクサとなり得るもので、ふつうには多数のウキクサが群生している。花は微小で、両側の縁辺に隙間ができて、そのところに生ずる。単性一家花で、雄花は仏焰苞をもつ一雄蕊だけである。雄蕊には花糸があり、葯は二胞、縦裂し風媒によって授粉する。雌花は一雌蕊を有し、往々雄花と一つにつながって、両性花のように見えることがある。花柱短く、柱頭は截形をなし、上位子房は一室で、数個の半倒生卵子を蔵している。

十●——アナナスの花

アナナスは熱帯アメリカの原産で、果実をパインアップルといって食用にするため広く栽培されている。花は花軸の頂末に肉穂状に多数密生し、花穂の下には総苞状の小さな緑の葉が数片あり、花穂の上には冠の飾のように緑の葉が簇立している。花軸が花穂より抽き出て成長し、緑葉を生ずるのは珍しいことである。小花は無梗で、宿存性鱗片状の小苞腋に生ずる。花被は宿存性で二層をなし三数出である。萼はきわめて短く、三つに裂けている。花冠は三片あって基底合着をし、舌状を呈す。雄蘂は六個、内向葯を有す。雌蘂一個、下位子房は三室、多数の倒生卵子を蔵す。花柱は三枝に分れ糸のようである。種子を生ずることはほとんどないが、果実は肉質花軸の肥大成長によって大きなマツカサ形の聚合果をなす。

十一●――ミズアオイの花

夏秋の頃、田や溝瀆に青紫色の美しい花を見る。根は泥の中にあり、緑葉は水上に出て葉の形も愛らしい。花は五、六寸の花茎に総状をなして着生し、小さな花梗がある。横向きに咲いて、上下の様子が違っている。花被は六片あって花弁のごとく、上部すなわち後面の三片は底部に暗赤色の斑点があって、花の美観を増している。雄蘂は六本、その中の一本は特に大きくて、花糸に鳥の爪のような一つの突出物がある。そして小さな昆虫の足場として具合よさそうになっている。葯は底着して二胞縦裂し、虫媒によって授粉する。雌蘂は一本あり、上位子房は三室あって各室に多数の倒生卵子を蔵する。花柱は一本で細く、柱頭は六つに浅裂している。これがすなわちミズアオイの花なのである。

十二●――イの花

野原や湿地に多い草で、緑色、円柱状の細長い茎が葉も付けずに直立し、簇生して三、四尺の高さになり、漢名は燈心草の名で知られている。それはこの草の白髄を取って、昔燈心の用に供したからである。この草は比較的丈夫なので、敷物その他の工芸品の材料とする。イともいうし、イグサともいう。花は茎の頂端に聚繖状の集団をなし、緑色の総苞をもつ。この総苞が花の集団の上に高く伸びて、あたかも茎のごとく見えるので、花は茎の側部に集団しているように思われるのである。小花は両性花で、二片の小苞をもち、六片の花蓋は萼に似ていて褐色である。雄蘂は六本、花蓋片より短く、葯は二胞、底着して側部縦裂し、風媒によって授粉する。雌蘂は一個、上位子房は三室、各室に数個の倒生卵子を蔵する。花柱は一本、三裂し、柱頭は花の外まで出ている。

十三●──オニユリの花

夏の夜明けに庭に立って、オニユリの花の咲く様を見まもるのはまことに田園趣味の豊かなものである。五尺あまりの茎の頂末に二十数個の蕾が円錐状に付き、三つも四つもの花が競争的に蕾の先端から徐々に開きかける様は、三昧より起って、世の中に輝く教えを説かんとする世尊の唇にも似て、神秘的な感にうたれる。花蓋は六片あってよく開けば巻きかえり、黄赤色の中に暗紫色の斑点があり、中脈は凹み、底部には小さな突起が多数にある。そして長さ三寸余、幅六分余の笹の葉形をした花蓋片はおのおの底部に甘液を分泌する。雄蘂が六本あって長く突き出て、丁字着をする内向葯を揺らぐに任せている。縦裂する葯の二胞からは暗紅色の花粉を吐く。アゲハノチョウはどこからともなく飛んできて、両蘂に足を止め、ゼンマイのような吻を伸ばして甘液を吸い、足や腹に紅い花粉を塗りつけて、また他の花へと飛びまわる。オニユリは雄蘂早熟の虫媒花でこのアゲハノチョウは花粉輸送者の随一である。雌蘂は一本あって、柱頭は三つの頭を合わせたような形をし、粘液を分泌し、花柱は一本あって雄蘂とほとんど同じ長さである。上位子房は三室で、各室に多数の倒生卵子を二列に蔵している。オニユリは虫媒花として、昆虫を誘うためにいろいろと骨を折るけれども、その種子の成熟するものの少ないことは注意しなければならない。

十四●――リュウノヒゲの花

林の中や庭のすみずみに、緑の細長い葉を簇生する草にリュウノヒゲというのがある。その葉は幅一分くらいで、長さ一尺余、剛からず柔らかならず、絵に画いた竜のヒゲに似ているというのでこの名がある。一名ジャノヒゲというのは戯言に近い。われわれは漫画にだって蛇のヒゲを見たことがない。しかし、この草の植物学上の属名オイオポゴンはジャノヒゲを直訳したものであるから、どこかの蛇にはヒゲがあるのかも知れない。この草は初夏の頃、緑様の間から三、四寸の蒂を出し、その頂末に細花を総状に付ける。開花は多少一側に偏向し、紫色の花蓋片は六つあり、基底は少し合着している。ほとんど子房の上位に、雄蘂六本、花糸は葯よりも短く、葯は二胞、内向に縦裂し、虫媒によって授粉する。雌蘂は一個、子房はほとんど下位にして三室。各室に一、二個の倒生卵子を蔵する。花柱は一本、雄蘂より長く、柱頭も一。そしてこの子房は花が咲いてしまうと、すぐに破滅して、ただ種子だけが完全に成育して、碧色の丸い実となる。これをネコダマといって、子供達は竹の突鉄砲の玉にする。それは角質の胚乳を用うるのである。また女の児はこれはお手玉にして遊びハズミダマなどととなえる。

（注・本篇は昭和一九年発行の続植物記よりとった）

初版　序

人事院総裁　佐藤達夫

故牧野富太郎博士は、〝植物の父〟といわれた世界的学者だが、随筆の方もなかなかの大家で、多くの随筆集を出しておられる。しかし、残念なことに、今日ではいずれも絶版になっていて、簡単には手に入らない。

かねがね、これらの名著をそのまま埋もれさせるのは惜しいと思っていたところに、こんど、東京美術が、それらをまとめた随筆選集の出版を企画された。先生のファンの一人として、また、アマチュアながらその門下につらなる者として、これほど嬉しいことはない。そういうことから、佐竹博士とともに、その監修をさせていただいたしだいである。

いまあらためて、これを通覧してみると、ユーモアにあふれた先生のお人柄が随所ににじみ出ていて、たのしみながら、植物についての知識をうることができるし、さらには、あまり世に知られていない先生の青年時代の熱血漢ぶりや、学問を志されてからの血のにじむようなご苦労など、いまさらながら感銘をふかくするものが少なくない。

植物に関心をもつ人たちはもちろんのこと、いっぱんの教養書として、一人でも多くの方に読んでいただきたいと思う。

初版　あとがき

かねがね、亡き父が生涯書きつづけた「植物随筆」を、このままにしておくことがしのびませず、整理してもう一度、皆様に読んでいただきたいと思っておりました。その矢先、東京美術より選集出版のお話があり、仏の引合せかと有難くお願いすることにいたしました。

この「植物随筆」は亡父独特の筆法で、かなりのくせがありますが、父が常に判り易く、そして啓蒙的な役割を果たそうという願いをこめておりました。

この度、少しでも多くの方々に読んでいただき易いよう、難しい漢字は出来るだけひら仮名に改め、おくり仮名と仮名づかいを新しくし、植物名も、イテフはイチョウ、というように今日一般に使われているものに改めていただきました。また、同じ箇所が度々重複している場合は、もとの意味が失われない程度に削っていただきましたが、何分にも、特徴のつよい父の文章ゆえ、わざとそのままに残しておいたところもございます。

この随筆が、いささかでも皆様に喜んでいただければ、亡き父もどんなにか、喜ぶことでございましょう。

実は私も昨年より、数多い父の遺稿の中から、ふさわしいものをと選んでおりましたが、多少の無理から、病に倒れ、とうとう入院することになってしまいました。

すっかり困っておりましたところ、人事院総裁の佐藤達夫先生と、文化財保護委員、国立科学博物館の佐竹義輔博士が、ご多忙の中にもかかわりませず、まことに細かいご配慮と、更にこの本の監修をお引受け下さいました。選集の刊行が無事に運びましたことは、両先生のお蔭でございます。ここに厚くお礼を申し上げます。

また出版に当りまして、東京美術の木下様、松沢様に一方ならぬお世話を願いました。記して感謝をいたします。

昭和四十五年三月二十三日

東大病院分院にて

牧野鶴代

編集付記

一、本書は一九七〇年に小社より刊行された『牧野富太郎選集　第一巻』を復刻し、副題を加えたものである。
一、明らかな誤記・誤植と思われるものは適宜訂正した。
一、一部、個人情報にかかる内容等については削除した。
一、読みやすくするために、原則として新字・正字を採用し、一部の漢字を仮名に改めた。
一、今日の人権意識や歴史認識に照らして不適切と思われる表現があるが、執筆時の時代背景を考慮し、作風を尊重するため原文のままとした。

［著者略歴］

牧野富太郎〈まきの・とみたろう〉　文久２年（1862）〜昭和32年（1957）

植物学者。高知県佐川町の豊かな酒造家兼雑貨商に生まる。小学校中退。幼い頃より植物に親しみ独力で植物学にとり組む。明治26年帝大植物学教室助手、後講師となるが、学歴と強い進取的気質が固陋な周囲の空気に受け入れられず、昭和14年講師のまま退職。貧困や様々な苦難の中に「日本植物志」、「牧野日本植物図鑑」その他多くの「植物随筆」などを著わし、又植物知識の普及に努めた。生涯に発見した新種500種、新命名の植物2,500種に及ぶ植物分類学の世界的権威。昭和26年文化功労者、同32年死後文化勲章を受ける。　（初版時掲載文）

テキスト入力　東京デジタル株式会社
校　正　ディクション株式会社
組　版　株式会社デザインフォリオ

牧野富太郎選集《まきのとみたろうせんしゅう》1　植物《しょくぶつ》と心中《しんじゅう》する男《おとこ》

2023年4月24日　初版第１刷発行

著　者　牧野富太郎
編　者　牧野鶴代
発行者　永澤順司
発行所　株式会社東京美術
〒170 - 0011
東京都豊島区池袋本町3- 31-15
電話 03（5391）9031
FAX 03（3982）3295
https: //www.tokyo-bijutsu.co.jp

印刷・製本　シナノ印刷株式会社

乱丁・落丁はお取り替えいたします
定価はカバーに表示しています

ISBN978-4-8087-1271-6 C0095

牧野富太郎選集 全5巻

人生を植物研究に捧げた牧野富太郎博士
ユーモアたっぷりに植物のすべてを語りつくしたエッセイ集

1 植物と心中する男

「植物の世界は研究すればするほど面白いことだらけです」。自伝や信条を中心に博士の人柄がにじみ出た内容満載。

2 春の草木と万葉の草木

「私はこの楽しみを世人に分かちたい」。桜や梅など春を代表する草花と、『万葉集』の草木にまつわる話を紹介。

3 樹木いろいろ

「まず第一番にはその草木の名前を覚えないと興味が出ない」。講演録とイチョウや菩提樹など樹木のエッセイを掲載。

4 随筆草木志

「蓮根と呼んで食用に供する部分は、これは決して根ではありません」。大根やキャベツなど食べられる植物も登場。

5 植物一日一題

「淡紅色を呈してすこぶる美麗である」。悪茄子、狐の剃刀、麝香草など植物の奥深さが縦横無尽に語られる。